HISTORY OF SL-1200

SP-10

1970

回転軸を直接駆動させる“ダイレクト・ドライブ”方式のモーターを搭載した世界初のターンテーブルであり、そのダイレクト・ドライブの発明こそが現在に連なるDJプレイや楽器としての操作感に直結していることを考えると、まさに“原点”とも呼べる逸品だ。なお、当時のオーディオ市場はターンテーブルとトーンアームが別売りされることがあり、このSP-10という型番はターンテーブル部に与えられたものである（同社のトーンアームEPA-99とキャビネットをセットにしたレコード・プレーヤーSL-1000としても発売された）。

1971

SL-1100

33／45の回転数を微調整するための小さなツマミが搭載された、SL-1200の前身モデル。SP-10とは異なり、ここからターンテーブル、トーンアーム、キャビネットが一体型になる。“ヒップホップの父”として知られるDJのクール・ハークは本機を使用して、2枚使いによるブレイク・ビーツのループ再生を発明したと言われている。

1972

SL-1200

SL-1100よりひと回り小さくなった筐体が採用されたSL-1200の初号機。海外の放送局などで採用され、音質と使いやすさから高評価を獲得。一方、開発者の思惑とは別に、ダイレクト・ドライブによる優れた操作感によりアメリカのディスコでも次々と採用されていったことが、SL-1200という型番の運命を大きく変えていくことになる。

SL-1200 MK2

1979

ディスコでの使用を前提として開発された初めてのモデル。変更点はBPMを調節するための縦型のピッチ・コントローラー、複雑なトーンアーム機構、スタート／ストップ・ボタン、曲の頭出しに便利な針先照明、堅牢なボディと防振のためのインシュレーターなど。クオーツの採用により実現した高精度の回転制御により不要となったプラッター縁の水玉ストロボは、速度微調整に不可欠な存在として存続した。本書で“SL-1200”と呼ぶのはこのMK2が原型となる。

WILD STYLE

1983年、映画『ワイルド・スタイル』の公開と出演者による来日プロモーションにより、ヒップホップ・カルチャーが日本に伝来する。P.004：ダンス・チーム、ロック・ステディ・クルーのDJとしてプレイするアフリカ・イスラム。P.005：ライヴを披露するコールド・クラッシュ・ブラザーズ（上）とDJのチャーリー・チェイス（下）。場所はいずれも新宿ツバキハウス（撮影：菊地昇）。

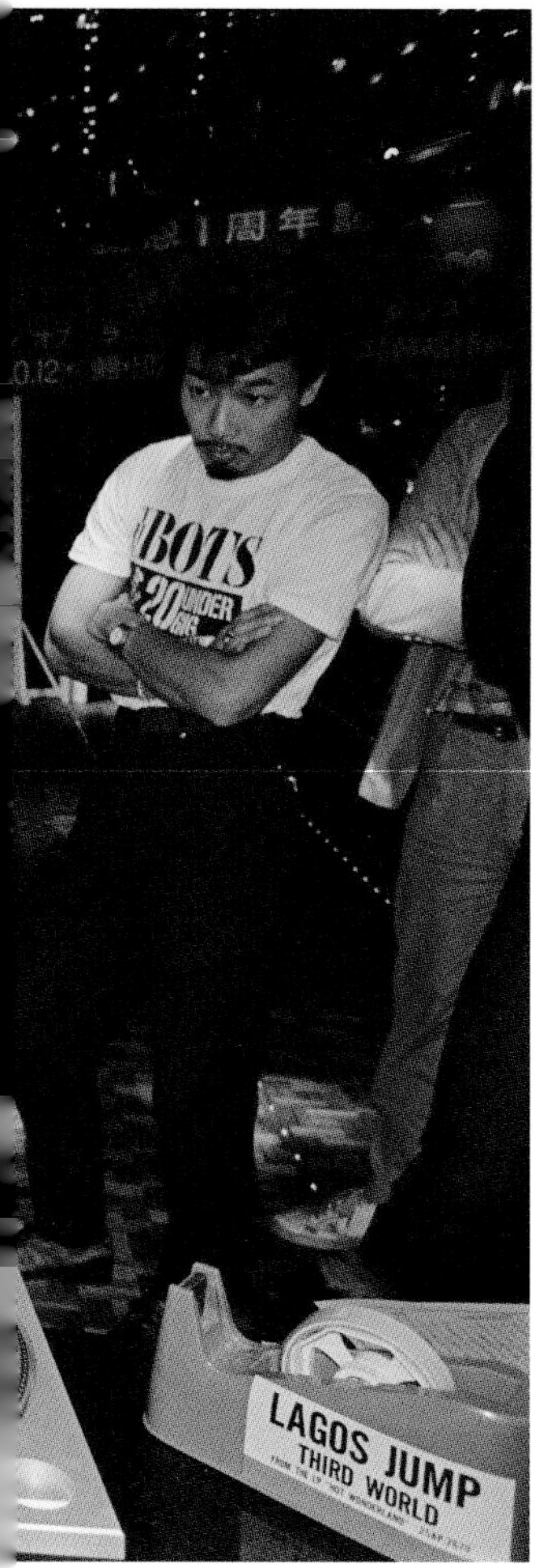

GRANDMIXER D.ST

『ワイルド・スタイル』クルーとほぼ同時期に来日したグランドミキサー D.STは、ジェミナイのミキサー MX-2000を持参し、鋭いスクラッチで日本の聴衆の度肝を抜いた。下の写真はピテカントロプス・エレクトスの常設ターンテーブルだったと思われるテクニクスSP-15、左の写真は別会場のSL-1200MK2（撮影：菊地昇）。

ZIPPER

1989

SL-1200 MK 3

日本でもクラブ・シーンが注目され始めた時期に、MK2の進化形としてリリースされたモデル。より強固な防振対策が施され、ボディはブラックに。それまでDJたちが自作していたスリップマットも標準装備されるようになった。

1995

SL-1200 LTD

世界累計販売台数200万台突破を記念して制作された5000台限定モデル。日本国内のみの販売だったが、プラッターやトーンアームに24金メッキが施されたゴージャスな見た目は海外でも人気を呼び、プレミア価格で取引されたという。ピッチ・コントローラーを強制的に±0にするリセット・ボタンは、本機で初実装。

SL-1200 MK 3 D

このモデルからシルバーが復活し、ブラックとの2色展開に。LTDで搭載されたリセット・ボタンが採用され、さらにピッチ・コントローラー付近での微調整を可能にするためセンター・クリックが廃止された。また、誤操作の危険性があったメイン・スイッチを中に埋め込むなど、現場での使い勝手を大きく向上させている。

1997

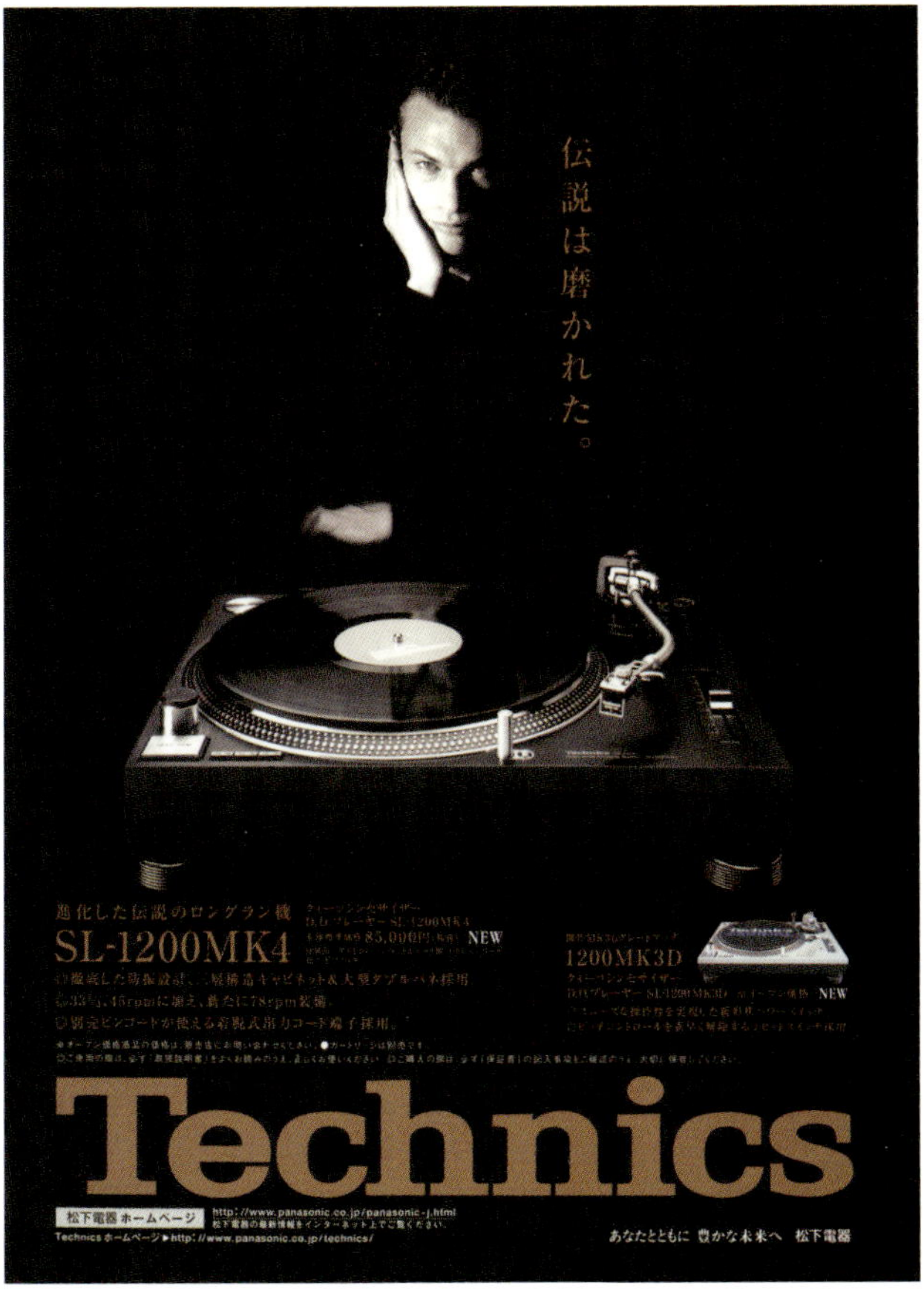

SL-1200MK4

1997

MK2からMK6のシリーズの歩みにおいて、唯一ハイファイ・オーディオ向けとして開発されたモデル。ケーブルが着脱可能なRCA端子、SP盤の再生を可能にする78回転対応、高音質を実現する無酸素銅線の採用など、従来のシリーズから大きな仕様変更が加えられている。

DERRICK MAY

テクノ・シーンを代表するDJの1人、デリック・メイ。世界中のクラブに常設されたSL-1200シリーズは、当然ハウス／テクノ・シーンでも絶大な信頼を寄せられてきた（Photo/Getty Images）。

DJ KRUSH

映画『ワイルド・スタイル』に触発され、DJの道を歩み始めたDJ KRUSH、1997年ごろ（撮影：星野俊）。

SL-1200 NIGHT

2002年11月に川崎クラブチッタで行なわれたSL-1200誕生30周年記念パーティ。本書の企画者でもあるオーバーヒート石井“EC”志津男のオーガナイズにより、国内ヒップホップ・シーンをリードしてきたDJのほか、レゲエ代表としてマイティ・クラウン、海外からはダイレイテッド・ピープルズとビート・ジャンキーズが登場。Qティップやクール・ハーク、グランド・ウィザード・セオドアらのお祝いビデオ・メッセージも会場を盛り上げた。

2002

SL-1200 MK 5 G

シリーズ30周年の節目に登場したMK5と同時に発売された、その上位機種。音質向上に注力する一方で、見た目も変化。DJプレイの多様化により、ピッチ・コントロール範囲を±8%と±16%に変化させられる切り替えスイッチを実装。そのピッチ・コントローラーの数字表示や針先照明には青色LEDが採用され、未来的な雰囲気を醸し出している。

2008

SL-1200 MK 6

MK5Gで初採用された青色LEDによる針先照明を継承し、トーンアームの素材の改善、ピッチ・コントローラーの精度向上、防振対策の強化など、開発スタッフの弛まぬ努力により、さらなる進化を証明してみせたMK6。この発売からわずか2年後の2010年に生産終了がアナウンスされ、SL-1200シリーズ最後のモデルとなると誰もが考えていたが……。

Technics 7th

2019年1月、SL-1200MK7のローンチ・パーティとしてラスベガスで開催された“Technics 7th”には、デリック・メイ、ケニー・ドープ、カット・ケミスト、DJ Koco a.k.a. Shimokitaが登場し、DOMMUNE、ボイラー・ルームを通じて世界中に生配信された。テクニクスのブートTシャツを身につけたDJジャジー・ジェイほか、来場者にも豪華な顔ぶれが揃った（撮影：Willie T）。

planet
BOILER
ROOM
Technics

XXX
1986•2016
Pioneer DJ

SL-1200 MK7

2019年初頭、突如リリースが発表された最新モデル。2014年にテクニクス・ブランドが復活して以来、SL-1200GAE、SL-1200G、SL-1200GRと、“SL-1200”の型番を引き継いだハイファイ・オーディオ仕様のモデルが相次いで発売されてきたが、それらの開発で培った技術を投入し、DJ対応のモデルが満を持して再登場となった。“継承と進化”というキャッチ・コピーどおり、外観や操作感はそのままに、逆回転や78回転への対応、着脱式の電源/フォノ・ケーブル端子、MK5G以来となる±16%へのピッチ調整変更ボタン、さらにはトルクやブレーキ・スピードの調整機能など、MK6から大きな進化を遂げている。

2019

Riddim Presents

Technics SL-1200の肖像

ターンテーブルが起こした革命

細川克明 著

RittorMusic

CONTENTS

INTRODUCTION

石井“EC”志津男

1983年に西武デパート池袋店でニューヨーク展が開催された。その企画スタッフの1人として参加した縁で、マンハッタンの試写会で観た映画『ワイルド・スタイル』。セルロイド・レコードのボス、ジャン・カラコス氏から直接頂戴したファブ・ファイブ・フレディやフューチュラ2000などによるシリーズものの5枚のヒップホップ12インチ（そのときに「今夜ビル・ラズウエルがヒップホップのレコーディングをする」とも言っていたが「Rockit」だったかも?・）。さらに数ヵ月前にLAでアーティストのゲイリー・パンターに「ニューヨークからヤバい奴らが来るから」と誘われてライブ・ハウスで観たグランド・マスター・フラッシュ（だったと思う）。

今にして思えば、リアルタイムでこんな貴重な体験をしているのに、「だったと思う」という括弧書きが必要な程度にしか、当時はこれらの出会いを理解できていなかった。

その後、池袋サンシャインで開催された『世界旅行博』というイベントのために、ニューヨークからスクラッチができる2人とブレイクダンサーを来日させることになり、彼らのターンテーブルを使ったプレイを間近で見て、その斬新さにようやく仰天した。彼らは日本のレコードを買い漁り、ゴジラ映画のサントラを駆使してターンテーブルが楽器になり得ることを教えてくれた。

そのころには、もうインディーズ・レーベルを始めていた。ジャマイカ生まれの音楽であるダブをヒップホップ的なスタンスで昇華したバンド、MUTE BEATをマネージメントしてリリースするようになると、そのメンバーでエンジニア担当のDub Master Xが楽器メーカーと協力してDJミキサーを開発したと言って、売りにやってきた。ミキサーだけ持っていてもどうにもなるわけでもないから、仕方なく渋谷パルコにあったオーディオ・ショップでターンテーブル2台を購入。これがテクニクスSL-1200MK2との個人的な出会いだった。

そして1986年、NHKホールで観たランDMCの来日公演。僕の後ろの席にいた女性客が「バンドじゃないんだ……」と言っていたのが忘れられない。そう、ヒップホップと2台のターンテーブルは、ステージの景色を変えてしまったのだ。

90年代になるとジャマイカのシンガー、スリラーUのプロデュースとマネージメントを始めて、年に2~3度キングストンを訪れるようになる。ギャングスターのグールー、KRS・ワン、サラーム・レミ、ブルーイ（インコグニート）、UB40のアリ・キャンベルなど、当時のトップ・プロデューサーたちに制作を依頼したから、バーミンガム、ロンドン、ニューヨークなどの世界的なヒットを生み出してきた第一線のスタジオも訪れた。プロモーションで訪問した各国のFMステーション、あるいは地元ジャマイカのＪＢＣやＩＲＩＥ ＦＭといった放送局、そしてサウンドシステム（野外ディスコ／クラブ）。どこに行っても置いてあるターンテーブルはＳＬ-１２００ＭＫ２だった。

そして認識するようになる。テクニクスはすごいものを作っている。これこそがワールド・スタンダードだ！


いまや世界的な音楽となったヒップホップの歴史を辿れば、クール・ハークというジャマイカ移民の存在に辿り着く。さらにそのジャマイカの音楽であるレゲエを探求すれば、その数年前にはＵ-ＲＯＹというアーティストが、サウンドシステムで７インチの裏面に収録されたインストに乗せたトースティング（ラップの原型のようなもの）で観客を驚喜させていた事実を知る。ターンテーブルがなければ、これらの革命が起きていなかったのは間違いないだろう。そしてＳＬ-１２００ＭＫ２がなければ、ヒップホップやクラブ・ミュージックがここまで影響力を持ったものにはならなかっただろう。

そんな音楽史に残る偉大な銘機を讃える、それがこの本だ。

最後に、僕の口車に乗り、膨大なインタビューと資料を見事にまとめた細川克明氏と編集の服部健氏にあらためて敬意を表します。

PART 1

SL-1200開発ストーリー

新技術、ダイレクト・ドライブの発明

パナソニックが松下電器産業と呼ばれていたころをご存じだろうか。松下電器産業とは、カリスマ創業者という言葉がふさわしい松下幸之助が、1918年（大正7年）に大阪府で創立した電気メーカー。松下幸之助は一代で同社を世界的なメーカーへと成長させ、〝経営の神様〟とさえ言われた立志伝中の人である。従来は家電が得意分野であったのだが、その松下電器産業が新たに高級オーディオ市場に進出すべく、1965年に設立したブランドがテクニクスである。

1960年代から70年代は、オーディオ・ブームと言われていたころ。団塊の世代に聞けば、懐かしく当時を語ってくれるだろう。そのころには、総合電機メーカーがオーディオ・ブランドを立ち上げていたのだ。たとえば、三菱電機はダイヤトーン、日立製作所はローディ、東芝はオーレックス等々。大手メーカーがオーディオ市場に注目していたわけだ。

ほかにも、音響機器メーカーとしてブランド名をそのまま冠したソニーも有名。オーディオを生業とする通称オーディオ御三家〝サン・トリ・パイ〟こと、サンスイ（山水電気）、トリオ（ケンウッド）、パイオニア、さらにはオンキヨーなどがあり、レコード会社の日本コロムビアが立ち上げたデノン、レコード会社と密接な商品開発を行なっていたビクターなどもご存知だろう。

テクニクスのような巨大メーカーをバックボーンに持つブランドの場合、強力な開発力や高い技術力によって、特にハイエンド・オーディオ市場において市場を牽引していった。なかでもテクニクスの最大の功績と目されるのが、ターンテーブル市場における〝ダイレクト・ドライブ方式〟の開発だ。

それまでは、高速モーターの回転力をゴム・ベルトなどを介してターンテーブルに伝達するベルト・ドライブ方式や、外周にゴムを装着した回転体を介してターンテーブルの縁（リム）に高速モーターの回転力を伝達するアイドラー・ドライブ（リム・ドライブ）方式が一般的だった。これらのドライブ方式は、一長一短の特性を併せ持っている。

前者のベルト・ドライブ方式の場合は、モーターの振動からの影響を除外しやすい反面、安定した回転に達するまでの時間が長く、ベルトの劣化によって回転ムラや回転速度の変調などをきたしやすい。

後者のアイドラー・ドライブ方式においては、構造としては簡易なため故障が少ないとされており、ベルト・ドライブに比べても立ち上がりは早いのだが、回転体のゴム部の劣化や高速モーターの不要な振動をターンテーブルに伝えてしまうといった弱点の存在も不可避となる。

それに対して、ダイレクト・ドライブ方式ではターンテーブルの下部中央にモーターを配置して、モーターの回転力を直接ターンテーブルに伝えることができるのだ。そのために必要となるのが、超低速制御モーターであり、この開発によってターンテーブルは新時代を迎えることになったのである。

SL-1200の誕生

ここで、本書のキーマンとなる1人の人物に登場いただこう。SL-1200の開発責任者であり、テクニクスのレコード・プレーヤー開発部門において〝キング〟と呼ばれた小幡修一である。

小幡は1932年生まれで、1959年に松下電器産業に入社。以降、ステレオ事業部技術部長や、ディスクオーディオ事業部長、ディスクシステム開発センター所長、音響研究所所長、技監などを歴任し、1995年に同社を退社するまで、数多くの功績を残してきた。〝鬼軍曹〟という異名さえ残るほどの厳格さと、社内外の協力者への細やかな配慮から、現在でも尊敬する先達として〝小幡イズム〟について語る人も数多い。

ここからは、小幡がパナソニック社内に残した貴重な資料（未掲載に終わった、ある雑誌へのアンケート回答）からの引用を交えながら、SL-1200の歴史を紐解いていこう。

まずは、テクニクスがターンテーブル市場に参入した経緯を次のように説明する。

1970年に松下電器の無線研究所の小林さん、五十嵐さんのチームが開発に成功した世界初の超低速回転制御モーターを使用する製品の事業化が契機でした。

現在、ターンテーブルで最も採用されている回転方式であるダイレクト・ドライブだが、初号機がリリースされたのは1970年。テクニクスの名機としてオーディオ愛好家たちにも強く記憶されているSP-10である。

ダイレクト・ドライブのターンテーブルの製品化1号機がSP-10であり、そのSP-10を搭載し、トーンアームのEPA-99とウッドケースなどを組み合わせたレコード・プレーヤーであるSL-1000の誕生は、世界のレコード・プレーヤー業界を変革した1号機なのです。このダイレクト・ドライブを搭載したレコード・プレーヤーが成功した一番大きな要因は、この発明によって従来の弱点であった減速機構を全面的に排除できたことにあります。

先にも紹介したようにベルト・ドライブ/アイドラー・ドライブ両方式のターンテーブルは駆動部に高速回転のモーターを使用しており、その回転力をターンテーブルに伝達する際にゴム・ベルトやゴム・アイドラーといった減速機構を介することで、レコードの再生に必要な33／45／78回転という低速回転を得ていたわけだ。

現在ではダイレクト・ドライブが常識化して多くの人からは忘れられた減速機構ですが、従来の方式ではディスコのＤＪのレコード操作は不可能でした。ターンテーブルの逆方向の回転は減速機構の劣化と破損を招くことに直結するためできなかったのです。減速機構は一般的に経年変化の避けられないゴム・ベルトやゴムを使ったアイドラーを使用し、減速していたのですが、同時に高速回転モーターから発生する不要振動をレコードに伝達しないようにゴムの内部損失で遮断する構造が基本でした。振動遮断の不完全さから発生する雑音、いわゆる〝ゴロ〟と、回転伝達機構の不完全さから発生する回転ムラ、いわゆる〝ワウ〟はレコード・プレーヤーの避けられない宿命とされていたのです。

経年変化と振動遮断の不完全さという最大のウィーク・ポイントを克服したのが、電子制御による超低速回転モーターというわけだ。

補足になるが、ＳＰ-10が発売された1970年代前半はオーディオ・ブームの全盛期にあたる。このころは国内外にいくつものトーンアームの専門メーカーが存在しており、ターンテーブル部とは別に単品で購入し、組み合わせによる音質差を楽しむマニアも多数いたのである。

国家公務員の初任給を調べてみたところ、ＳＰ-10が発売された１９７０年では大学卒業程度の上級で約３万円～３万５千円。ＳＰ-10の当時の販売価格が８万２千円ということを考えると、現在の感覚で50万円ほどになるわけだ。ＳＬ-１０００にいたっては当時の販売価格が14万５千円……いかに高級モデルであったかが想像できるだろう。

ＳＰ-10というフラッグシップのターンテーブルの発売に続き、次なるモデルとして１９７１年に登場したのがＳＬ-１１００だ。


ダイレクト・ドライブというターンテーブルの駆動方式の革命的な発明を手に入れて、それを核にしてプレーヤーをデザインするのですから、類型を破り独創的な外観を目指すことを最優先としました。後にアメリカに大量の輸出が成功するようになって、〝アメリカ松下〟の販売責任者から強く要求されたのも、〝サムシング・ニュー〟〝ビジブル・フィーチャー〟であったのです。同業他社との差別化を概念として強く営業要請されていたのだと思います。

〝サムシング・ニュー（何か新しいもの）〟〝ビジブル・フィーチャー（目に見える特

徴)〟という着想からＳＬ-１１００では、これまでにない新たなアプローチが採用されることになった。

ダイレクト・ドライブはターンテーブルの従来の方式の弱点であったゴム・ベルトやゴム・アイドラーの不安定な要素を排除できたのですが、画期的なのは中身であって外観ではありません。革新的な発明をいかに外観で表現するかが大きな課題でした。従来のレコード・プレーヤーで常識化していた木製キャビネットを廃し、恒久不変の安定した精密感を表現する手段として精密アルミ・ダイキャストをキャビネット全体に採用することにしたのです。前例のない飛躍ですから非常な困難をともなったのですが、ダイキャストの専門メーカーであるリョービの当時の浦上社長に直接開発の趣旨を説明したところ、非常な賛同と全面的な協力をいただくことになりました。

ダイキャストとは、熔解させた金属に圧力をかけて金型に注入することで高い寸法精度の鋳物を短時間に大量生産する鋳造方式のこと。ダイレクト・ドライブの2号機であるＳＬ-１１００は販売当時の価格が7万2千円と現在の感覚では40万円に近いモデルであったにもかかわらず、その画期的な高性能と、精密アルミダイキャストのキャビネットというユニークなデザインが好評を得て、全世界に輸出が始まったという。

アメリカ市場の反響調査をした際に、販売店の主人が〝類型化した同じ顔の商品をたくさん店頭に並べてもお客さんの商品を選ぶ喜びを満足させることができない。お前の作るプレーヤーは個性豊かで面白い。売れるか売れないかはわからないが、店頭展示に変化がほしいので取引したい〟という奇妙な評価をいただいたことが強く印象に残っています。

オーディオ市場が日本よりもはるかに巨大であったアメリカでの店頭展示の調査から、ＳＬ‐１１００の本体サイズが大きすぎることに気付いたという。そこで、新たに開発されることになったＳＬ‐１２００ではサイズも刷新。製品寸法で幅が５１０㎜、奥行きが３９０㎜であったＳＬ‐１１００に対して、ＳＬ‐１２００では幅が４５３㎜、奥行きが３６６㎜とひと回り小型化された。なお、ＳＰ‐10からＳＬ‐１２００までの３モデルは、すべてピッチ・コントローラーが33回転用と45回転用それぞれに用意されており、１／２回転で正常動作になる（33回転時）。

ＳＬ‐１２００が発売されたのが１９７２年。このころから小幡の率いるチームでは、市場調査の原則を定めることになったという。

①市場調査とは、市場に存在しないものを探すこと。
②顧客の無言の声を聞くこと。
③販売を開始した商品の市場評価に注意して、商品の持つ良さと悪さの顧客反応を観察し、次世代商品に反映すること。

さらに補足事項として、①については「市場の商品を意識しすぎると、模倣や類似商品を作ることになり、発明することを忘れ、商品が堕落します」という自戒の念が込められており、②では「我々は専門の開発者ですから、販売する人や顧客の具体的な指摘を受けて反応するのではなく、潜在する願望を読み取る感性が必要です」というマーケティング用語で言われる潜在顧客の掘り起こしについて説いている。③については「商品を磨き、育てること」という開発者の本懐となる部分だ。

SP-10を搭載したSL-1000、一体型としたSL-1100、ダウンサイズ化したSL-1200というダイレクト・ドライブ3モデルの布陣によって、テクニクスのターンテーブルはオーディオ市場でも認知度を高めていく。

この時点ではアメリカのディスコ市場は未発達であったのですが、ニューヨークのラジオ局ＷＱＸＲのＤＪがＳＬ－１２００を放送の実務に採用し、音質の良さと使いやすさを本業に併せて無償で宣伝してくれたのが、全米で高級なオーディオ用プレーヤーとして普及する契機になりました。

それまで使われていたターンテーブルはアイドラー・ドライブだったらしく、プラッターを回す〝ゴロ〟という音がなくなったことに、リスナーが気付いたそうで、そんなエピソードを喧伝してくれたわけだ。

海外の放送局の技術担当者の情報交換は密で、イギリスの国営放送ＢＢＣがダイレクト・ドライブの１号機となるＳＰ－10を放送局の標準機として採用してくれたことも幸いしました。１９７２年という発売年にＳＬ－１２００はイギリスのタブロイド誌『デイリー・メール』の〝ブルーリボン賞〟を受賞しています。ダイレクト・ドライブはプロ用として認められました。プロの酷使に耐えられる証明書を得たのです。

〝ディスコ〟という異文化との邂逅

小幡は着実な評価の高まりと並行して、この時期に台頭しつつあった新たなニーズに気付く契機があったと述懐する。引き続き、彼が残した資料を引用しながら、SL-1200がいかにしてディスコ／クラブの常設ターンテーブルになり得たのかを紐解いていこう。

1975年から1978年まで市場調査と販売部門との商品会議のために、1年に数回の頻度で海外に出張していました。ちょうどこの時期にアメリカでディスコが流行し始めたと思います。ディスコの環境は、当時の一般のオーディオ・マニアの想像を絶する環境でした。強音圧下での過酷な使用方法に、正直なところ一生懸命で商品開発に取り組んでいた我々にとって、ディスコの乱暴な作法はいささか邪道に映りました。商品のクレームも急増して対策に頭を悩ましている販売担当の実情調査を兼ねてディスコ行脚が始まったのです。

流麗なストリングスから始まる、バリー・ホワイトがラブ・アンリミテッド・オーケストラ名義でリリースしたインスト曲「愛のテーマ（Love's Theme）」がビルボード1位を獲得したのが１９７４年。フルートによる軽やかなテーマと掛け声が印象的なヴァン・マッコイ＆ザ・ソウル・シティ・シンフォニーの「ハッスル（The Hustle）」、可憐なファルセット・ボイスをイントロに配したドナ・サマーの「愛の誘惑（Love To Love You Baby）」がソウル・チャートだけでなくポップス・チャートも席巻したのが１９７５年。そして決定打とも言える映画『サタデー・ナイト・フィーバー』の全米公開が１９７７年（日本は１９７８年）。主演を務めたジョン・トラボルタの出世作であり、ビルボード1位6曲を含む計7曲を提供したビージーズをスターダムにのし上げたサウンドトラックでも知られる。当時の熱狂は推して知るべしだろう。

〝ディスコの語源となる〝ディスコティーク〟はフランス語であり、バンドによる生演奏ではなく、ＤＪがレコードを再生し、それに合わせて客がダンスを踊る娯楽場のことを指す。リスニング・ルームに堅牢なラックを設置し、ターンテーブルをセット。丁寧にレコードを載せて、静かに針を落とす……。小幡は、そんなハイファイ嗜好とは真逆の環境を知ることになる。

雑誌『リラックス』２００2年9月号（マガジンハウス刊）に掲載されたＳＬ－１２００の30周年を記念した特集内のインタビューで、小幡は次のように答えている。

放送局での使用で定評を得ていたSL-1200がその流れで、1970年代半ば当時でき始めていたディスコでも使われ始めたというのが正解です。残念ながらこちらが主導で納入していったわけではないんです。もし、そうだったらビューティフル・ストーリーだったのでしょうが（笑）。そのうち、もともとオーディオマニア用に作られた製品ですから、ディスコの過酷な環境で使用されて、ハウリングするというクレームが来始めたんですね。こちらは十分にインシュレーションしているからそんな問題は起こらないと反論しましたが、そこでディスコでの使用というのが浮かび上がってきたんです。

実地でのエピソードは、まさに異文化交流と言えるだろう。

実際にディスコに行って確かめてみたらびっくりしました。耳をつんざくような轟音が鳴り響いていて、暗い部屋で光がピカピカなっている中、黒人のオペレーターが猛烈に踊り狂いながらSL-1200を使っている。それを見て「うわっ、俺はこんなクレイジーなマーケットのために商品を作っているのと違う!」と正直思いました。逆回転させるのは想定していませんし、そら、あんな音圧の下で使われたらハウリングもします（笑）。そこでオペレーターに「こんなバカデカイ音だしたら、そらハウリングもする。別の部屋でやることはできないのかい?」と聞いたら、「バカ言え、ここでオペレーションしていることこそが俺のショーや。客は踊りながらプレイしている俺を見てるんや」言います。技術屋としては、正直、複雑な思いでした。これはハイファイ・マニア向けに作られた繊細な商品なわけですから、想定されていないこんなムチャクチャな使い方されたらうれしくはないわけです。しかし、ディスコで大男のオペレーターが一生懸命SL-1200を使ってくれて、お客が踊り狂うのを見ているうちに「よし、わかった。ここでの使用に耐えうるターンテーブルを作ろうやないか!」と決意したんです。それがMK2開発のスタートでした。思い立ったら善は急げということで「じゃディスコを全部見せてくれ」と、シカゴを中心にどこのディスコやと言われても覚えていないくらい片っ端から回りました。

多くのDJたちにヒアリングを行なうと、想定外の回答が返ってきたという。再び小幡が社内に残した資料から引用する。

幸いにもたくさんのディスコでオリジナルのSL-1200が導入されていましたから、得意げに身体を動かし操作をしているDJの動作を観察し、意見を聞き商品の改良案をまとめました。彼らに改良策の希望を聞いて回ったのですが、意外なことに商品には満足していて、それを使いこなす技術は自分が優れているという自己PRが返ってきたことです。加えて、操作に慣れたSL-1200を変更してくれるな、という要求だったのです。

変更をせずに改良する……禅問答のような話だが、この難題をクリアしたからこそ、SL-1200MK2が生まれたのである。リリースされたのは、1979年。ディスコの成熟期であり、音楽シーンにおいても大きな変革期を迎える80年代目前に満を持して市場に投入されたわけだ。

SL‐1200からSL‐1200MK2への進化

ＳＬ‐１２００からＳＬ‐１２００ＭＫ２への移行にあたり、小幡が残した資料には、こんな言葉も記されている。

好評に販売されている最中に、次期商品の企画を進行させる場合の注意点は、顧客の意見に多くの期待をかけるよりも、開発者の発明／創意が大切になるということです。

ここからは、ディスコでの使用に耐えうるターンテーブルを開発するに至った当時のスタッフの〝発明／創意〟を明らかにするために、ＳＬ‐１２００とＳＬ‐１２００ＭＫ２の違いをシビアに見ていきたい。

誰しもがまず気付くのは、ピッチ・アジャスト部の違いだろう。ＳＬ‐１２００では33回転／45回転それぞれにつまみがセットされているが、ＳＬ‐１２００ＭＫ２では縦型のフェーダーが採用されている。

ＭＫ２では回転数をより安定させるために世界で最初のクオーツ制御を採用し、専用の電子回路を、当時普及の始まった集積回路にまとめあげて、大型のスライド・レバーによるピッチ・アジャストを採用しました。この最先端の電子技術を開発したのは、四角さんの電子設計グループです。

それを証明するのが、ＳＬ-１２００では〝Direct Drive Player System〟となっていたテクニクスのブランド周辺にあるレタリング。ＳＬ-１２００ＭＫ２からは〝Player System〟が〝Turntable System〟と変更され、さらに〝Quartz(クオーツ)〟の文字が追加されている。

クオーツ制御とは、水晶振動子（クオーツ・クリスタル・ユニット）と呼ばれる水晶の圧電効果を使って高い周波数精度の発振を実現したもので、時計や精密機器などの正確性がシビアに求められる機器に採用されることが多い技術。さらに安定してブレのない回転に寄与しているわけだ。

この10センチの縦型フェーダーは、従来の〝アジャスト（調整）〟するためのものではなく、〝コントロール〟するための機構に進化したわけだ。通称、〝ピチコン〟と呼ばれる部分である。ＳＬ-１２００では±５％であった可変幅も、ＳＬ-１２００ＭＫ２からは±８％にまで拡張されている。

この変化をもたらしたのが、ＤＪたちが言うところのＢＰＭ。すなわち、Beat Per Minutes……１分間にいくつのビートを刻むのかという概念である。本来はモーターに起因する回転数の誤差を補正するために付けられていた機能が、異なるテンポの楽曲のＢＰＭを合わせるために使うというＤＪならではの発想により、まったく形状の異なるパーツに進化したのである。

続いて目に付くのはアーム部だろう。他社のトーンアームでは糸やテグスなどで調整していたインサイド・フォース・キャンセラー（トーンアーム先端の内向力を打ち消す機能）をダイヤル式にしたＳＬ-１２００も画期的であったが、ＳＬ-１２００ＭＫ２では針圧調整用の機構はアーム部分と一体化したようなデザインとなっており、アンチスケーティング調整用のダイヤルの視認性もさらに向上している。また、アームの基部はＳＬ-１２００ＭＫ２からキャビネットと一体化されており、アーム全体の高さを調整する機構が追加されているのもポイント。

トーンアームのデザインを担当したのは技術の杉原さんで、高級カメラのレン

初代SL-1200では回転数ごとに分けられた小さなつまみでピッチ調整をしていた。

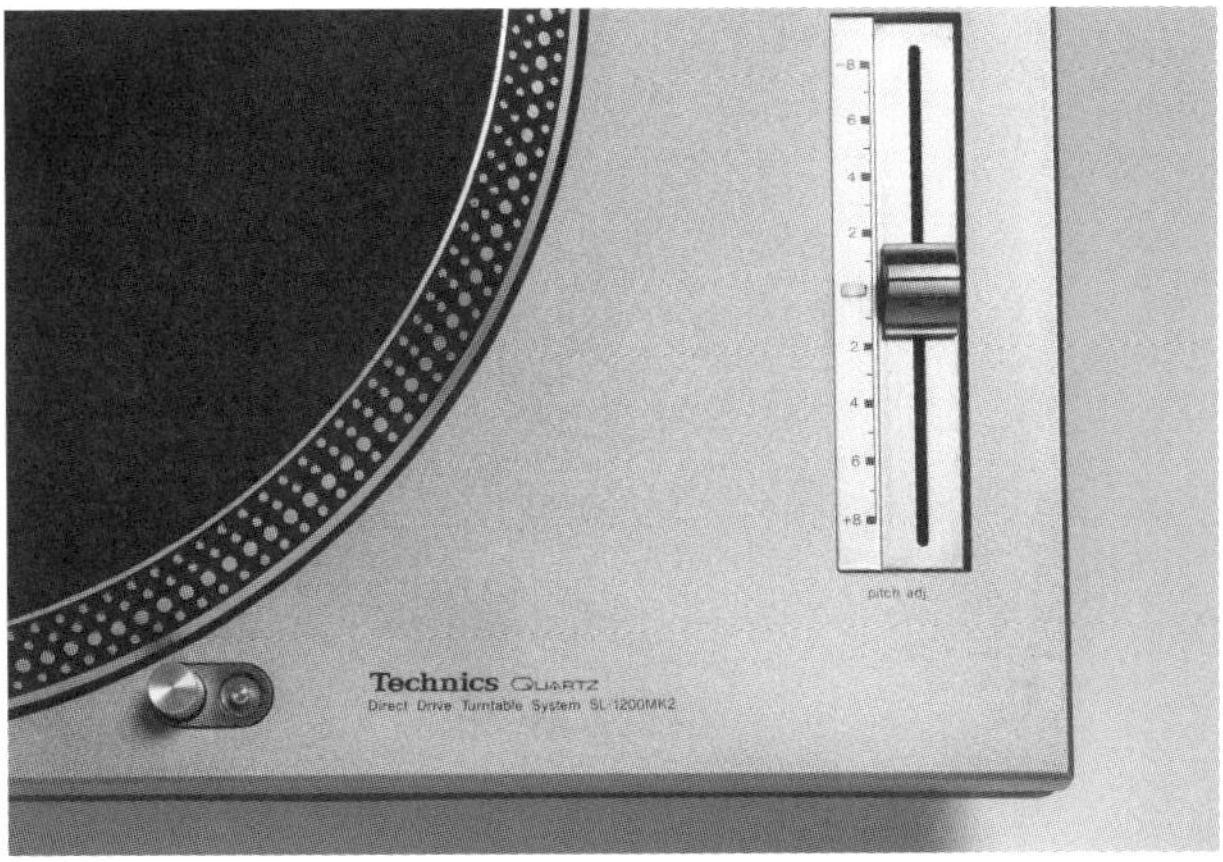

SL-1200MK2からの大きな仕様変更である、縦型のピッチ・コントローラー。

ズに使用するヘリコイドの多条ネジをアーム回転台に導入して高さの微調整を可能にした世界最初の商品です。

普段は気にしているユーザーのほうが少ない部分だと思われるが、レコードの再生においてはレコードとカートリッジが接触する際に正しいアングル（バーチカル・トラッキング・アングル）が存在する。端的に言えば、レコードにカートリッジを載せた際にトーンアームが水平状態になっているのが正しいのだが、SL-1200MK2はその調整のための機構が秀逸なのである。最大で上下6㎜の範囲でシビアに稼働するので、誰もが正確にアングルを調整できるようになったわけだ。

テクニクスのターンテーブルは最高級機を目指していましたから、アームも取り外せば単品でも販売できるレベルの精密な加工をしています。精密天秤クラスのアーム感度を実現するために4個のピボット・ベアリングを内蔵して、この価格帯のターンテーブルには不釣り合いな、キメの細かい神経質なほどの良心的な構造を採用しています。

SL-1200MK2のトーンアームから新たに採用されていたのがジンバル・サス

ペンション方式である。ジンバルとは吊り枠のことで、水平2点、垂直2点となるアーム基部とアームの接触点に計4個のピボット・ベアリングと呼ばれるパーツを搭載している。トーンアームの横方向への動き（水平回転軸）と、縦方向への動き（垂直回転軸）の中心を一致させ、トーンアーム回転の中心でアームのバランスを制御しているわけだ。この機構によって実現した回転軸の水平／垂直初動感度は7mg以下に抑えられている。このあたりのセンシティブさは別のターンテーブルで針圧調整を行なったことがある人であれば、意識せずとも体感している部分だ。

拡大鏡で細部の加工精度を見ていただきたいと思います。プロのＤＪの用途からすると、ややハイファイ・マニア寄りで、アンバランスな過剰品質の規格になっていますが、現在でもＤＪ以外にオーディオ愛好家のファンも多い要因となっています。

ほかにわかりやすい変更点となっているのが、スタート／ストップのボタンと33回転／45回転の切り替えボタンが新たに採用されていること。赤い光を放つストロボ用の照明器上部にはロータリー式の電源スイッチが組み込まれているところも、ＳＬ-１２００ＭＫ２の変更点だ。

SL-1200MK2のトーンアーム部。

初代SL-1200のトーンアーム部。

ディスコでの使用を想定してSL-1200MK2から追加された、スタイラス・イルミネーター（針先照明）。

SL-1200MK2から採用されたスタート／ストップ・ボタンと回転数の切り替えボタン。

さらに、ディスコなどの暗い現場での使用を想定した針先確認用のライト、すなわちアルミ製スタイラス・イルミネーターが新たに追加されているところも外せない。このスタイラス・イルミネーターはポップアップ式となっており、使用時には横側の小さなスイッチを押すことでゆるやかに押し上げられ、使用しないときには押し込むことでトップパネル内部に収納できる。

目には見えない部分にも変更は加えられている。その最たる例が、モーターの部分である。SL-1200ではモーターを単体としてセッティングしており、回転子の上にプラッターを載せる構造であった。しかし、SL-1200MK2ではプラッターとマグネットが一体化。こうすることでプラッターもモーターの一部となる構造になり、モーターの回転力を減免させることなくプラッターに伝達できるようになっている。これこそが、レコード・プレーヤーという単なる再生装置を超えて、SL-1200MK2をDJたちにとってのツール、極言すれば〝楽器〟たらしめている最大の特徴と言えるところだろう。

ダイレクト・ドライブ方式のプレーヤーは他社からも発売されたのですが、このターンテーブルとモーターが一体構造の商品はありません。モーターを専門

初代SL-1200のプラッター裏面。

初代SL-1200のターンテーブル内部。

SL-1200MK2のプラッター裏面。中央にモーターを駆動させるための同心円状のマグネットがある。

SL-1200MK2のターンテーブル内部。

メーカーから購入してターンテーブルをモーターに積み重ねる構造にせざるを得ないからです。カートリッジの針先のレコードの音溝をなぞって頭出しする操作をターンテーブルの周辺部に指先を触れて微妙な正逆回転を行なう際に感覚のズレが皆無である心地良さは、ある種の楽器演奏と似ている操作なのです。

続いて紹介したいのが、ハウリング対策で重要な役割を担うキャビネットおよび、インシュレーターについて。

ディスコのような強音圧下での防振構造を強化するためにキャビネット本体を前例のない特殊ゴムで成型するという大胆な変更も加えました。せっかく好評な外観デザインはほとんど変更することなく、内容を全面的に改良したのです。特殊ゴムの箱作りにチャレンジしたのは、機構設計の責任者であった渥美さん、仲川さんと、生産を担当してくれた特殊ゴムのメーカー、丸正ゴムの中橋社長だったと思います。精密ダイキャストのパネルと特殊ゴムの箱を合体させた前代未聞の強音圧に耐えうる無振動キャビネットを実現しました。

SL-1200で採用されたアルミ・ダイキャストのトップパネルは踏襲しつつ、上部パネル部は精密アルミ・ダイキャスト製キャビネットを採用することで堅牢性を担保。さらに、SL-1200MK2で新たに採用されたキャビネット下部にある特殊重量ゴム製のボトム・カバーで高い耐久性と防振性を確保しているのだ。

今になって見るとか細く感じてしまうSL-1200の基底部も新たに設計し直されている。SL-1200では高さ調整を目的に設計されていた基底部だが、SL-1200MK2ではインシュレーター機構を採用。オーディオ機器におけるインシュレーターとは外部からの振動を遮断するための絶縁材を指しており、内部には振動を吸収するためのループ状に巻かれた重層構造のバネが装備されている。また、バネの外側はゴムで覆われ、底面にはフェルトを張り付けることで、さらなる振動の吸収力を高めている。

さらに、完全な水平状態にないことも多いディスコなどの現場を想定したネジ式の高さ調整機能も地味ながら優れたアイディア。これによってカートリッジとレコードとの接点に影響を及ぼす傾きさえも、インシュレートできるわけだ。

そして、目を凝らして見ないとわからないのが、プラッターの外周部に刻み込まれている水玉状のドットのデザインの変更である。SL-1200では中心から外側に向かって小／大／小／大となっているが、SL-1200MK2では小／小／大／小となっているのだ。

プラッターの周辺部の水玉状のデザインは、本来であれば回転速度のモニターをするためのストロボをデザインしたのです。他社の従来例はターンテーブルは円筒状で周辺部に縦縞模様のストロボが刻まれていました。ストロボは電源周波数に同期して点滅する原理の応用で、電源周波数は50ヘルツと、60ヘルツの2種類の電源に対応し、レコードの回転数33と45に調整するために4種類の縞目が刻まれていました。縞目のストロボをつけたターンテーブルは高級機である象徴になっていたのです。大きな水玉と小さな水玉を交互に配列するデザインは、従来の慣例であった縦縞模様との差別化として採用しました。SL-1200は個性的なデザインとして画期的な円錐台状の傾斜のついた側面に水玉模様を採用したので、開発当初は賛否両論がありましたが、あくまで速度調整のために導入したデザインでした。水玉模様はダイキャストをダイヤカットして実現するのですが、下手をすると刃物の稜線ができて手触りが悪くなってしまいます。しかし、SL-1200のように水玉の断面形状を工夫して心地良い手触りにすることに成功したのは、設計者の新美さんと、試作を重ねてくれたダイキャスト・メーカーのリョービの技術者です。ところが、ディスコの現場はストロボの水玉模様の凹凸をレコードの回転を制御する心地良い指先の手掛かりとして喜んでいたのです。彼らの踊りながら操作する動作の分析から、より操作性の優れたものに脱皮させたのがMK2のデザインです。回転速度は飛躍的に安定したので、ストロボはまったく不必要になったのですが、DJの操作の習慣を大切にして残すことになりました。開発技術者の意図と使用者の用途がこれほど相違したデザインは稀な事例です。傾斜の角度も操作を容易にするために大きくしました。

このドットの数は、内周側から171個（小）、176個（小）、182個（大）、189個（小）となっており、SL-1200MK2以降のデザイン上のアイコンともなっている部分である。

このような〝発明／創意〟が盛り込まれたSL-1200MK2だが、今から40年も前の製品でありながら、すでに完成されたデザインとなっていることに驚くのではないだろうか。プロダクト・デザインで使われる〝機能美〟とは、まさにSL-1200MK2のためにある言葉だと言っても過言ではない。

発売当初の反響について、小幡は驚くべき言葉を残している。

SL-1200MK2の側面とインシュレーター。

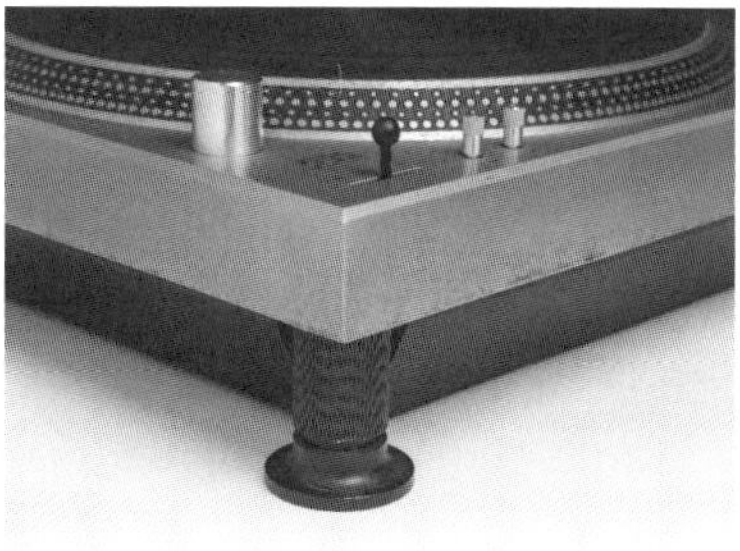

初代SL-1200の側面と高さ調節可能な脚。

SL-1200MK2のプラッター外周。

初代SL-1200のプラッター外周。

ＤＪ用に特化した改良を加えた結果についてアメリカ市場の調査をして、驚いたことは現場の人たちはオリジナルのＳＬ‐１２００に愛着を示し、好意的な回答が意外に少なかったことです。

しかし、ＳＬ‐１２００ＭＫ２とそれに続いたモデルが現在も世界中で愛用され続けていることと、その改良にかけた努力が無関係でないことは、その後の歴史が証明している。

外観デザインに大きな変化を加えなかったことは、販売に支障を与えずにＭＫ２に移行できた功績はあったのですが、改良にかけたパワーの大きさからすると期待外れだったのです。しかし、１９８０年代には改良点のすべてが全世界のディスコで働くＤＪに認められて爆発的に需要が拡大し、ディスコのスタンダード・モデルに成長したのです。

PART 2

ヒップホップとの蜜月

ヒップホップの誕生

小幡がダイレクト・ドライブを搭載したターンテーブルの改良に邁進していたころ、彼らの〝市場調査〟の視界には入らなかったものの、その後のＳＬ－１２００シリーズと蜜月関係を結ぶことになる新たな音楽の胎動が、ニューヨーク、ブロンクスの一角で始まっていた。

それは、ダイレクト・ドライブ３モデルの末弟、ＳＬ－１２００が発売された１９７２年の翌年、１９７３年の８月だったと言われている。

ヒップホップが創生された伝説のパーティが行なわれた。場所はウェスト・ブロンクスにある新築アパートの娯楽室。ＤＪを担当していたのは、１９５５年生まれのクライブ・キャンベル。まだ18歳のジャマイカ移民である。しかも、参加していたのは近隣に住む、いわゆる一般の人たちであった。

では、何をもって〝伝説〟たらしめているのか。それは、後にクール・ハークとして知られることになるＤＪが、世界で初めて〝ブレイク・ビーツを披露した夜〟だったから。

ヒップホップのレジェンドDJとして最大限の賛辞をもって語られるクール・ハーク。彼がDJに開眼し、大きな足跡を残すにいたった経緯について、カリフォルニア在住のヒップホップ・ジャーナリストであるジェフ・チャンによる労作『ヒップホップ・ジェネレーション（原題：Can't Stop Won't Stop)』（2007年／リットーミュージック刊／押野素子・訳）の記述を含めて紹介していこう。

パーティの途中、ダンサーたちの反応から、クール・ハークは皆が一定のパートを待っていることに気付いたという。そのパートとは、曲中に現われる短いインストゥルメンタル・ブレイク……すなわち、バンド全体での演奏は小休止に入り、リズム・セクションだけがグルーヴを繰り出す〝ブレイク・ビーツ〟のことである。クール・ハークはそのブレイク・ビーツに着目し、プレイする曲を選び出すようになっていく。その結果、ブレイク・ビーツのためにレコードを買った最初のDJとしても歴史に名を刻むことになったクール・ハークによって発見されたのが、次のような曲たちだ。

ノンストップのコンガが見事なインクレディブル・ボンゴ・バンドの「Apache」や「Bongo Rock」、ジェームズ・ブラウンの『Sex Machine』から の「Give It Up Or Turnit A Loose」ライヴ・ヴァージョン、ジョニー・ペイトの「Shaft In Africa」のテーマ曲、デニス・コフィーの「Scorpio」など、アップテンポで時折アフロ・ラテン系のバック・ビートがつくブラック・ソウルや、ホワイト・ロックのレコードで、彼は個性を確立した（『ヒップホップ・ジェネレーション』より）。

これらの曲に含まれるブレイクを中心にしながら〝メリーゴーラウンド〟と彼が称したテクニックでＤＪプレイを披露していたわけだ。メリーゴーラウンドとは、同じレコードを2枚用意し、1枚のレコードのブレイクが終わると、もう1枚のレコードのブレイクをプレイすることで同じブレイクをループさせるテクニックのこと。今で言うところの〝2枚使い〟と呼ばれるヒップホップＤＪにとって基本となるプレイ方法である。

そして、このメリーゴーラウンドを可能にしたターンテーブルについては、「テクニクスの１１００Ａを使っていた。大きくて安定していたからね」と語っている。

この〝１１００Ａ〟とは、前章で登場したＳＬ-１１００の米国仕様のモデル。キャリア最初期においては、高級モデルであったＳＬ-１１００を2台も導入できていたとは考えづらいが、あえて、〝１１００〟であることを折に触れ前面に出しているのは、当時ＳＬ-１２００と比べても高級なモデルをセットできていたこと、自分の手のサイズに合った大型のモデルを使っていたことを強調したいからだと思われる。

ちなみに、ＳＬ-１２００の発売30周年を記念し、日本で開催されたイベント〝Ｓ

L‐1200 NIGHT〟のために収録されたビデオ・メッセージでは、クール・ハークは次のようにコメントしている。

俺が初めてテクニクスのターンテーブルをヒップホップ・コミュニティに紹介したのだ！ 俺は最高のターンテーブル、1100Aを持っている。30周年オメデトウ！ ところで、機材が欲しいんだ。俺の1100Aをアップ・グレードしてくれよ！ またはテクニクスの一番いいターンテーブルでもいいな。レコードは不滅だ！ テクニクスは最高だ！ 俺の手はデカイのだ！ わかったか！

ダイレクト・ドライブの初号機であるSP‐10の発売と時を同じくして、1970年にジェームズ・ブラウンの『Sex Machine』がキング・レコーズからリリースされ、SL‐1100が発売された1971年には、「Scorpio」を収録したデニス・コフィー・アンド・ザ・デトロイト・ギターバンドの『Evolution』がサセックス・レーベルから登場。SL‐1200が発売された1972年には、ジミー・キャスター・バンチのクラシック『It's Just Begun』がRCAレーベルからドロップされた。

そして、ブレイク・ビーツという概念がクール・ハークによって発明された1973年には、〝ヒップホップの国歌〟と言われる「Apache」を収録したインクレディブル・

ボンゴ・バンドのアルバム『Bongo Rock』がプライド・レーベルからリリースされた。さらに、ジョニー・ペイトが監修を務めたサウンドトラック『Shaft In Africa』がＡＢＣレーベルからリリースされたのも１９７３年。

思わず、〝バタフライ効果〟というカオス理論の言葉を思い浮かべてしまったほどの符号である。

そして、クール・ハークという若きＤＪが蒔いたブレイク・ビーツと呼ばれる発明の種は、ブロンクスを中心に後に〝ヒップホップ〟と呼ばれる、まさにストリート発信のムーブメントとなって、一気に芽吹くことになる。

そこでクール・ハークに加えて中心的な役割を果たしたのが、アフリカ・バンバータ。クール・ハークよりも２歳下の１９５７年生まれとされる。ギャングとして10代前半からブロンクスで頭角を現わし、後にラップ、ＤＪ、ブレイクダンス、グラフィティをヒップホップの基本要素として制定。コミュニティを導いた〝伝道師〟とも呼べる存在である。

アフリカ・バンバータは、１９７０年代半ばには自宅の近くのコミュニティ・センターを会場にパーティをスタート。その類い稀な統率力と、「グランド・ファンク・レイルロードやモンキーズのブレイクを、スライ・ストーンやジェームズ・ブラウン、さ

アフリカ・バンバータとSL-1200MK2。1980年ごろ（Photo/Getty Images）。

らにはマルコムXの演説とミックスし、サルサ、ロック、ソカといった音楽を、ソウルやファンクと同等の熱意でプレイする」（『ヒップホップ・ジェネレーション』より）スタイルで、ギャング同士の抗争をパーティの力で集結させていく。クール・ハークのプレイするブレイクに影響を受けつつ、さらに多様なバックボーンを持つ楽曲をプレイすることで、出自が違うギャングたちの和平に向けた哲学を提示していったわけである。

スクラッチという新たな表現

クール・ハークとアフリカ・バンバータというヒップホップ黎明期における2大DJがブロンクスのストリートの有名人となり、キッズを含めた憧れの対象になっていった。そんなタイミングで、もう1人の伝説がブロンクスで頭角を現わし始める。1958年生まれ、本名はジョセフ・サドラー。カリブ海のバルバドス系移民の家系であり、ヒップホップDJにとって欠かせないテクニックである〝スクラッチ〟を広めることになったグランドマスター・フラッシュ、その人である。

クール・ハークがシーンに登場した時、彼はサウンドシステムのパワーで、他のDJから頭一つ抜きん出た存在となった。バンバータは、選曲の妙でDJゲームを変えた。二人ともストリートの大物で、大きなクルーに支援されていた。しかし、DJを始めた頃のジョセフ・サドラーは、高価な機材や立派なレコード・コレクションも持っていなければ、ギャング系の仲間もいなかった。そんな彼が唯一持っていたのはスタイルだ。

『ヒップホップ・ジェネレーション』にもこう紹介されているように、クール・ハークよりも3歳下のルーキーがシーンに革新をもたらす。

少年時代からパーティに出かけても後方から、DJや観客、機材、音楽といったパーティを構成する要素を研究していたというグランドマスター・フラッシュ。クール・ハークらのスタイルを研究し、ブレイクを正確に2枚使いすることで、自在に曲の長さや構成を変えることを学んでいったのだ。

機材面への配慮も抜かりはなかった。ミキサーの使いこなしやヘッドフォンを使ったモニタリングについて、さらには回転力のあるターンテーブルについても数多くの機種を調べ、ついにテクニクスのモデルに出会うことになる(SL-20とSL-23という2つの説がある)。

そうしてブレイクにはスタート・ポイントとエンド・ポイントの2地点があり、レコードに刻まれたブレイクを区分化して考えることで、1975年にはスクラッチだけでなく、バックスピンなどを織り交ぜた〝クイック・ミックス〟と呼ばれるスタイルを完成させることになった。

補足になるが、歴史を紐解くと、ヒップホップはおろかターンテーブルを使った表現で欠かすことができない〝スクラッチ〟は、グランドマスター・フラッシュの親戚にあたる1963年生まれの少年によって偶然発明されたものだという。その少年こそ、後にグランド・ウィザード・セオドアとして知られることになるセオドア・リビングストンである。

DVD『スクラッチ』では冒頭で登場し、次のようにコメントしている。

その日も学校から帰り曲をかけてたが、音がうるさいって、お袋がドアを叩いた。〝いいかげんにして！〟。だが、その声をよそに、レコードにあてた手を前後させて俺は思ってた。〝こりゃ名案だ〟。いろいろ試してみた。違ったレコードでね。しばらくして、パーティで初披露した。それが〝スクラッチ〟だ。

ちなみに、セオドアは13歳のころに5歳年長のグランドマスター・フラッシュと一緒に早くもDJブースに立っていたという逸話が残されている。

しかし、この時点でのDJシーンは、自分たちのサウンドシステムを基本としたもの。当時のターンテーブルについての史実は不明瞭で、それはヘッドフォン・モニター機能とフェーダー機能をつかさどるミキサーについても同様だが、たしかな集客力をもってパーティを開催し、ブロンクスだけでも数多くのクルーが切磋琢磨していた状況を想像するに、テクニクスのダイレクト・ドライブの初期モデルのなかではコストパフォーマンスが高く、コンパクトだったＳＬ-１２００が次第に人気のモデルとなっていった可能性も大いにありえる。

それを推察させるようなグランドマスター・フラッシュの発言もある。

もし二五日が金曜だとすると、五つのフライヤーにＤＪハリウッドの名前が載っているんだ。つまり、五つの場所で回していたのさ。『なんでそんなことができるんだ？　どうやったらマンハッタン、ブロンクス、クイーンズを一晩で回れるんだよ？』って思った。（中略）で、わかったんだ。彼はサウンドシステムを運んだりしない。運ぶのはレコードだけだって。彼にはクルーがいて、車もある。どこかで一時間やったら、車に飛び乗って別のクラブで一時間やって、また別のクラブで一時間っていう感じさ。そのうち、馬鹿デカいサウンドシステムを持っている連中は、化石みたいな扱いになってしまった。そりゃそうだよな。今じゃ、一晩に五カ所でパーティができるんだから（『ヒップホップ・ジェネレーション』より）。

このことは同一モデルもしくは、同一シリーズのターンテーブルおよび、ＤＪミキサーが使われ始めていたことの証左だろう。

そして、SL－1200MK2の発売年である1979年にヒップホップを取り巻く状況が急変する。〝ラップ〟という表現様式を世に知らしめたシュガーヒル・ギャングの「Rapper's Delight」がニュージャージー州のインディ・レーベル、シュガーヒルからリリースされたのだ。

シックの「Good Times」を大胆に引用したトラックをバックにラップするアマチュア・ラッパー3人組による「Rapper's Delight」は、ニューヨークの小さなヒップホップ・シーンを飛び出すと、まずはブラック・ラジオ局で火がついた。続いて全米チャートを駆け上がっていき、ついにはナンバー1の座を射止める。その勢いはアメリカを超え、イギリスでも1位を記録。

『ヒップホップ・ジェネレーション』には、あるジャーナリストの次のような発言が掲載されている。このエピソードから、ブルックリンのレコード店にいた客というのは2枚使いをするDJであることがわかる。

俺がブルックリンのフルトン・ストリートにいた時、ちょうど〈Rapper's Delight〉が店に入荷したんだ。七九年のクリスマス頃だったと思う。連中はトラックから段ボールを一〇箱降ろして、店の床に置いた。で、箱を開けると二枚ずつ店に居たヤツら全員に配ったんだ。誰もがそのままレジに直行していたよ。

あの一二インチは、ニューヨークだけで一カ月に二〇〇万枚は売れていたはずだ。

インディ・レーベルの作品でありながら、「Rapper's Delight」は日本においても〝歌詞完全掲載〟という売り文句とともに7インチ・シングルがリリースされている。しかし、言語の壁もあったのだろう。熱心なブラック・ミュージック愛好家たちの間で、新たに〝ラップ〟と呼ばれる音楽が出てきたらしいと話題になった程度で、ストリートで誕生した産地直送の生粋のヒップホップは、まだ日本には届いていない。

DJ、すなわちレコード・プレーヤー／ターンテーブルという本書の主眼においても、次なる大きな波を待つことになる。

映画『ワイルド・スタイル』

１９８３年に公開された映画『ワイルド・スタイル』。監督／製作／脚本を手がけたのは、チャーリー・エーハンという当時は無名の人物。グラフィティ・ライターを主人公に設定したドキュメンタリーとしての要素を多分に含んだフィクションである。ストーリーについては、ＤＶＤパッケージに以下のように記されている。

1982年、ニューヨーク、サウス・ブロンクス。グラフィティ・アーティストのレイ（リー・キュノネス）は夜中に地下鉄の操車場に忍び込み、スプレーを使って地下鉄に大胆でユニークなグラフィティを描いている。もちろん不法行為だから見つかれば終わり。アンダーグラウンドの世界から派手な表舞台に送り出そうとするマスコミ関係者や社交界の名士達の誘いに彼は悩む。仕事としての依頼を受けて描くのではなく、自由にそして反体制の精神で描くこと——正にワイルド——が彼にとって重要なのだ。

友人のフェイド（フレッド・ブラザウェイ）が運営する野外コンサートが開か

れる。

ここから映画のクライマックスになだれこんでいく。ファンタスティック5、DSTらのラップ、スクラッチ、ロック・ステディ・クルーのブレイク・ダンスなどのフレッシュなヒップ・ホッパーたちのパフォーマンスがコラージュのように展開していく。バッドなアトモスフィアー。コンサートは大成功。このステージの壁にグラフィティを描いたレイは気持ちが高揚していたが、確かなモノを得た。

久しぶりにニューヨークで新しいサブ・カルチャーの炎が燃え立つ瞬間であった。


先に〝ドキュメンタリー〟と紹介したのは、出演者がほぼすべて実際に活動をしているグラフィティ・ライター／ダンサー／ラッパー、そしてDJであるから。つまり、プロの俳優は誰一人として出演していないのだ。

エンディングへと続くハイライト・シーンである野外劇場のライブに至っては、ニューヨーク市に無許可で撮影され、しかも観客はエキストラでなく、純粋にパフォーマンスを観に来たブロンクスの住人たちであったという。この事実を知ってあらためて観ると、純粋な映画撮影であれば観客がカメラ目線を送ることなどないことに気付く。

一方、映画で披露されている観客の反応も自然発生であり、いささか強引にも思えるエンディングへ向けた出演ラッパーたちの流れや、随所に挟み込まれたブレイク・ダンサーとBGMとの粗削りなシンクロも完全なフィクションではない魅力として理解できるだろう。

そういった意味でも映像資料としての価値が非常に高く、唯一無二の映画としてヒップホップ好きの間で長く必見とされ続けてきたわけだ。

そんな『ワイルド・スタイル』だが、劇場での一般公開という意味では、アメリカ本国のみならず世界に先駆けてワールド・プレミアとして日本で最初に公開されたのはご存じだろうか。

時は1983年10月。この劇場公開にともない、一般層に向けて〃ヒップホップ〃自体の認知度を高めるために、カセットブックや書籍『ワイルド・スタイルで行こう』（JICC出版局刊）も出版された。後者の著者であるカズ葛井こと葛井克亮は『ワイルド・スタイル』の魅力にいち早く気付き、日本での劇場公開の実現を采配した立役者である。

さらに、その葛井が主導するかたちでチャーリー・エーハン監督はもちろん、出演者たちの多くが来日し、大々的なプロモーション活動を展開したのだ。初の来日という ことだけでなく、初の海外、初の飛行機という人も多く、その道中はハプニング続きであったようだが、無事に来日を果たしたラインナップは以下の通りである。

◎コールド・クラッシュ・ブラザーズ（グランドマスター・カズ、イージーＡＤ、オールマイティＫＧ、ＤＪトニー・トーン、ＤＪチャーリー・チェイス）

◎ロック・ステディ・クルー（クレイジー・レッグス、ケン・スウィフト、ドーズ・グリーン、ベイビー・ラブ、バック・フォー、クリアキ、ＤＪアフリカ・イスラム）

◎ダブル・トラブル（ロドニー・シー、ＫＫロックウェル、ＤＪスティーヴィ・スティーヴ）

◎ファブ・ファイブ・フレディ

◎ビジー・ビー

◎パティ・アスター

◎ドンディ

◎ゼファー

◎フューチュラ

◎レディ・ピンク

◎ロック・ステディ・クルーのマネージャーのクール・レディ・ルーザ・ブルー

◎チャーリー・エーハンと彼の妻ジェーン

来日した『ワイルド・スタイル』クルー（撮影：菊地昇）。

コールド・クラッシュ・ブラザーズやファブ・ファイブ・フレディといった、すでにレコード・リリースのあったラッパー／DJはもちろん、グラフィティ・ライターにも今となっては驚きのビッグネームが揃っており、しかも関係者などを含めた大所帯。

プロモーションを行なった場所は、東京／大阪／京都の3都市。東京では、新宿ツバキハウスと原宿ピテカントロプス・エレクトスといったクラブのほか、渋谷と池袋の西武百貨店や日比谷シティでも、グラフィティやブレイク・ダンス、ラップ、そしてDJというヒップホップの4大要素を網羅したパフォーマンスを披露した。加えて、『笑っていいとも！』『タモリ倶楽部』『11PM』などのTV番組にも出演し、当時は一般的でなかった〝ヒップホップ〟というキーワードを幅広い人たちに映像と音声の両面から波及させていった。

DJ KRUSHが受けた衝撃

『ワイルド・スタイル』クルーの来日および映画が、日本のシーンにもたらしたものは何だったのだろう。インターネットに残されている当時のTV映像を見ても顕著なように、ブレイク・ダンス、ラップ、DJにおいてはライブ・パフォーマンスが重視される表現域であり、それを直で体感できる初めての機会となったのだから、数多くの人々に強烈なインパクトを残したはずだ。

そんな人々のなかでも、そこで感じた可能性を糧に、全世界でその名を知られることになったのが、DJ KRUSHである。これまでにも多くのインタビューなどで語られているように、『ワイルド・スタイル』を原点としてキャリアをスタートさせ、現在では世界中のヒップホップの気鋭たちからもリスペクトを集めているDJだ。

「最初のきっかけはブレイク・ダンスだったんだと思う。深夜にテレビを見ていて……多分、『11PM』だったんじゃないかな」

30数年前の記憶をたどりながら、彼は静かに語り始めた。

「まずは、池袋の西武百貨店に行ったんだよね。7階の催事スペースだったはず。ブレイク・ダンサーもパフォーマンスしていたけど、ラッパーもいて、もちろんＤＪもいたし、ターンテーブルもあった。あとはグラフィティ。なかがすごくシンナー臭かったことは覚えている」

まだＤＪ ＫＲＵＳＨと名乗る前。21歳で定職につかず、世に言う〝アウトロー〟として過ごしていた時期の話だ。

「最初の印象はブレイク・ダンスってすげえなってこと。あとは音もカッコ良かったし。昔の血が騒いだっていうのかな。高校に行ってすぐに辞めているから、中卒も同然なんだけど、そのころに暴走族だった先輩たちの影響で聴いていたブラック・ミュージックを思い出したんだよね。当時はスナックに行って、演歌ばっかり聴いていたのに（笑）。若いころは音楽よりも暴れていたほうが楽しい時期があって、横道にずれていたのが戻った感じがして。それで、すぐに映画を新宿に観に行った」

映画館では、さらなるインパクトを受けることになる。

「ブレイク・ダンスもすごいなと思ったんだけど、もっと衝撃的だったのが、グランドマスター・フラッシュ。あと、エンディングでスクラッチをしていたのがシックの〈Good Time〉で、それを2枚使いしているのを観て……。レコード・プレーヤーの間に置いてある弁当箱みたいなものは何だ?くらいの知識だったけど、俺もあんな音を出してみたいと思ったんだよね。今になって考えてみれば、身近にあるもので物事を組み立てていくところが好きだったのかも」

その衝動を胸にしつつ、ほどなくしてまったく予備知識のないままオーディオ・ショップへと足を運ぶことになる。

「買いに行ったときが大変だった。池袋の西武百貨店の隣にあるパルコのオーディオ・ショップに行ったんだけど、店員に説明ができないんだよ。ターンテーブルなんて言葉も知らなかったし、『レコード・プレーヤーを2台と、真ん中に置いてあるレバーがたくさん付いいた機材をください』みたいな感じで。そのときに『それはストリップ小屋とかで使われているダンサーが踊るときに曲が切れないように使う機材で、ミキサーって言うんだよ』と教えてもらったりしたくらい（笑）」

１９８３年当時、ヒップホップ・カルチャーはもちろん、ＤＪに関する認知度もこの程度のものだったのだ。

「もちろん、レコード・プレーヤーについてもメーカーを指定することもできない。ターンテーブルという言葉も、テクニクスのことさえも知らなかったから。とにかく、レコード・プレーヤーを2台とミキサーを買えばあんなことができるんだと思って。そのときにアンプとスピーカーも合わせて、当時の価格で50万円くらいだったと思う」

しかし、入手したレコード・プレーヤーはプラッターの回転力が弱いベルト・ドライブ方式で、セミオートのモデルだった。セミオートとは、レコードに収録された曲がす

DJ KRUSHのキャリア最初期のDJセット。下の写真では、ミキサーがクロスフェーダー付きのものに変更されているが、ターンテーブルは依然ベルト・ドライブ方式のものだったことがわかる。

べて終わり、内周部にいくとトーンアームが自動でアームレストに戻る機能を意味する。

「フルオート、セミオートなんて専門用語も知らなかったし、テンポを変えるときにも小さなツマミでいじっていた。しかも、ミキサーにはクロスフェーダーが付いていなかったからね（笑）。縦フェーダーもL／Rで分かれているから、スクラッチするときには2本のフェーダーを同時に上げ下げしないといけない。だから、割り箸と輪ゴムで2本の縦フェーダーを固定して練習していたよ。そうこうしているうちに、少しずつヒップホップに関する情報が集まってくるようになって、テクニクス、そしてSL-1200MK2というタンテがあることを知ったんだ」

予算の都合上、まずはSL-1200MK2を1台だけ導入したという。

「使ってみて驚いたよね。パワーはあるし、針飛びはしないし、曲終わりでアームが戻っていかないから（笑）。その前後で、クロスフェーダーが付いたDJミキサーも買ったはず。ベスタ小僧（VESTA KOZO）のモデルだったね。2台目のSL-1200MK2を買ったタイミングを覚えていないんだけど、すぐに欲しくなって無茶して買ったと思う。前に使っていたセミオートのタンテからSL-1200MK2に乗り換えるのって、軽自動車から高級車に乗り換えたみたいな感じだったから。そのころはひたすらタンテに向かっていた。スクラッチを一番練習したのは、ファブ・ファイブ・フレディの〈Change The Beat〉じゃないかな。あとは、シックの〈Good

Times〉とか、シェリル・リンの〈Got To Be Real〉とかね。みんなが使っていた大ネタだと、お手本にもなるから。それと同時にミックス・テープを作って、サーファーに配ったり。とにかく毎日、時間があればSL-1200MK2を触っているような感じだった」

自宅でのDJプレイの練習に明け暮れる日々を経て、徐々にDJ SEIJIといった仲間が増え、情報交換をするようになっていった。

「(高木)完ちゃんとか、(藤原)ヒロシとかが、雑誌で情報を載せるようになったり、渋谷にHIP HOPというクラブができたりして、どんどん情報が表に出てきた。スリップマットはフェルトがいいらしいとか、レコードの袋を切って敷いたほうがいいとか。レコードの袋は中袋だと静電気防止になっているからとかね」

渋谷のクラブ、HIP HOPがオープンしたのは、1986年。ほどなくして、自宅を中心にDJプレイ、スクラッチの練習にあけくれていたDJ KRUSHも活動の幅を広げていく。原宿の歩行者天国への進出、そして盟友となるMUROたちとの出会い、KRUSH POSSEの結成、ソロ・アーティストとしての新たなスタート……。

この波乱に満ちた立志伝においても常にDJ KRUSHの傍らにはSL-1200MK2があったのだが、『ワイルド・スタイル』クルーの来日や映画公開から1980年代の後半までを語る際には、別の大きな伏線があったのだ。

Dub Master Xが見た光景

ロック・バンドの東京ブラボーの高木完と、日本初のフリーランスＤＪと言われる藤原ヒロシが、ヒップホップ・ユニットのタイニー・パンクスを結成したのが１９８５年。その翌年には、いとうせいこう＆タイニー・パンクスとしてジャパニーズ・ヒップホップのマイルストーンとなるアルバム『建設的』がリリースされた。

その前年、つまり１９８５年に、いとうせいこうがリリースしたアルバム『業界くん物語』にＤＪとして参加していたＤｕｂ Ｍａｓｔｅｒ Ｘこと宮崎泉が、『ワイルド・スタイル』クルーの来日時に映像の撮影スタッフとしてプロモーションの現場にいたという。日本のヒップホップ黎明期において、これまであまり語られることのなかった逸話である。

「東京で何度かパフォーマンスを披露したうちの、ピテカントロプスと日比谷シティの現場に撮影用のスタッフとして呼ばれたんだよね。そのときの映像が何の目的で撮られたものかはわからないんだけど」

この『ワイルド・スタイル』クルーの来日と前後して、ピテカントロプス・エレクトスにアシスタントPAとして在籍していたこともあったという宮崎。その後、日本初のダブ・バンドと言われるMUTE BEATでのダブ・エンジニアとしての活動や、原宿にあったクラブ、モンクベリーズを起点にしたDJプレイなどで多くの伝説を残してきたことをご存知の人も多いだろう。

そんな宮崎の眼には『ワイルド・スタイル』クルーはどのように映ったのか。率直な印象を聞いてみたところ、意外とも思える答えが返ってきた。

「やっぱり生はすごいなっていうのはあったけど、ラップの印象が一番だね。というのも、マルコム・マクラーレンの〈Buffalo Gals〉のミュージック・ビデオでブレイク・ダンスもスクラッチも知っていたし、ワールド・フェイマス・シュプリーム・チームのことも観ていたので」

セックス・ピストルズやニューヨーク・ドールズの仕掛け人としてロック史にその名を刻むマルコム・マクラーレンの作品として、トレヴァー・ホーン（バグルス／イエス／アート・オブ・ノイズ）のプロデュースで制作された「Buffalo Gals」のリリースが1982年のこと。そのミュージック・ビデオでは、グラフィティを描くシーンや、ストリートでブレイク・ダンスをしているシーンが使われており、7インチを使ったものではあるが、スクラッチを手元から写した映像も挿入されている。

「それに、『ワイルド・スタイル』クルーの直前にD.STが来日していて、そのときにピテカントロプスで生のスクラッチを観ていたんだよね。だから、『ワイルド・スタイル』クルーのほうは初めての生のラップ・ショウという印象が強い。革のつなぎを着ていたラッパーがイカつかったなとか。たしかにコールド・クラッシュ・ブラザーズのDJ、チャーリー・チェイスはブレイク・ビーツを2枚使いでかけていたりしたけど、あくまでもラップのバックDJだったから、いぶし銀というイメージかな。あとは、チャーリー・チェイスがローランドのリズムマシン、TR-606を持っていて、それも使っていたのが衝撃的だった」

〝D.ST〟ことグランドミキサーD.STとは、『ワイルド・スタイル』でもエンディング近くの野外劇場でのパーティ・シーンで鋭いスクラッチを披露しているブロンクス出身のDJ。そのD.STがDJとして大々的にフィーチャーされ、『ワイルド・スタイル』の公開前に話題となっていたのが、同年リリースされたハービー・ハンコックの「Rockit」だった。

「今、考えるとすごい偶然なんだけど、生でスクラッチを観たのは、D.STが最初。やっぱりすげーな、カッコいいなと思った。コスって〝キュキュ〟ってやるだけで、周囲も〝オーッ!〟という感じだったから」

その来日時にグランドミキサーD.STが使用していた機材を当時の写真などを参照しながら思い出してもらったところ、「ピテカントロプスは、ターンテーブルがテクニクスのダイレクト・ドライブの高級機SP－15を使ったSL－1015で、これは店の常設だった3台のうちの2台を使ったんだと思う。ミキサーはD.STが持ち込んだジェミナイのMX－2200というモデルで、このときに初めて知った」とのこと。『ミュージック・マガジン』1983年12月号（ミュージック・マガジン刊）の特集〝ニューヨークがHIP HOPしてる！〟に掲載されたグランドミキサーD.STのインタビューでもそれを補足するような内容が記載されている（聞き手：ピーター・バラカン）。

——どんな機材を使ってますか？

「ターンテーブルはテクニクス（SL1200）。ミクサーは、以前はジェミナイ2000を使っていた。すごく安いミキサーだったけど、そのころは金がなかったし、また高いものよりも使い易いものと思ってた（彼が東京に持ってきていたミクサーは、ジェミナイのサウンド・ミクサーMX2200）。ミクサーは、クロスフェイドとキューが付いているものであればいい。ゴチャゴチャ色んなのが付いているものは、面倒くさい」（原文ママ）

この来日時には既述のピテカントロプスに加え、渋谷ラ・スカーラというディス

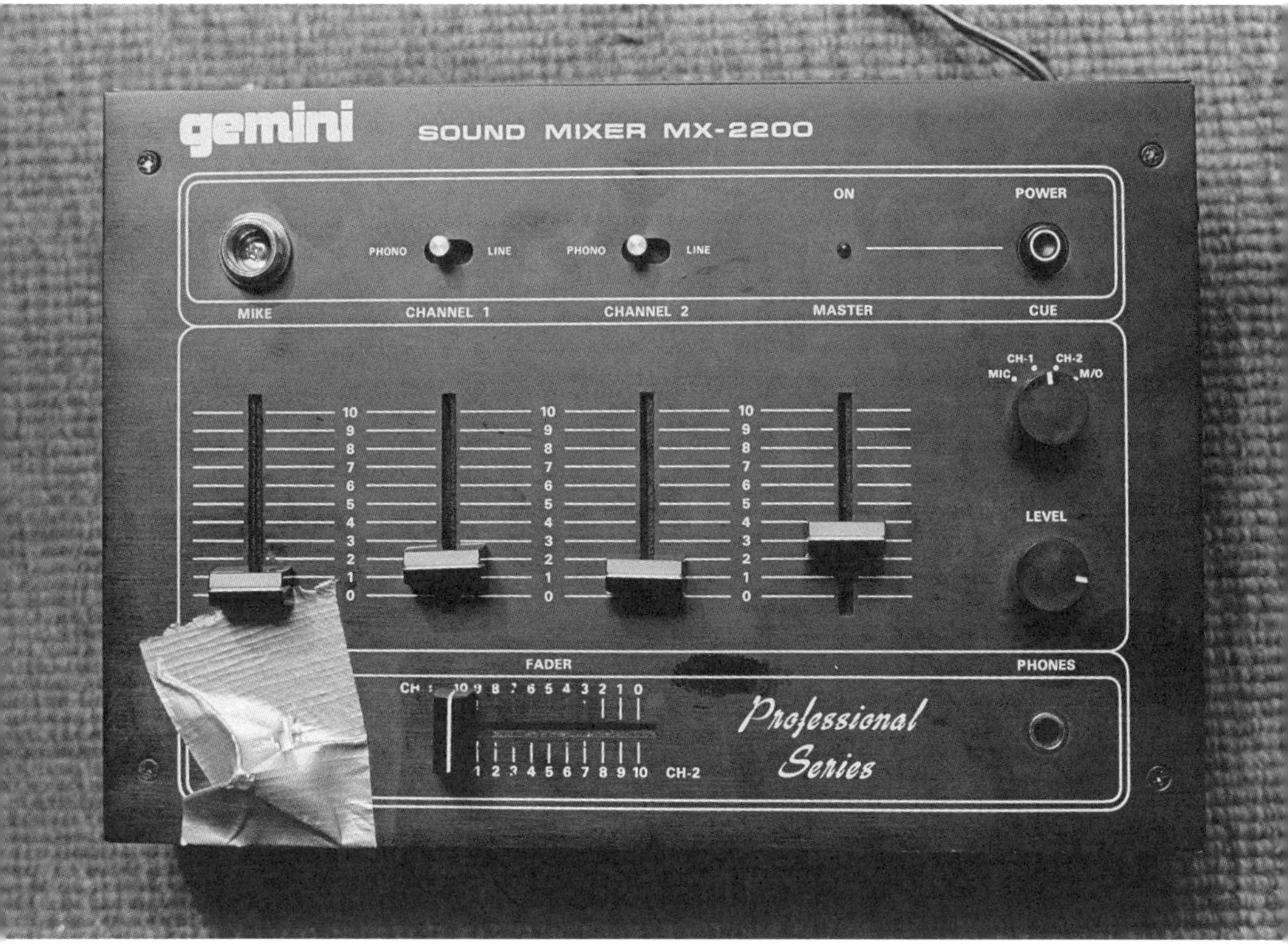

グランドミキサーD.STが来日時に持参したミキサー、ジェミナイMX-2200（撮影：菊地昇）。

コでもスクラッチを披露したようで、その際に使われていたターンテーブルはＳＬ-１２００ＭＫ２×２台であった。

当時はすでにＳＬ-１２００ＭＫ２の認知度も高くなっており、プロになることを意識した個人が買いそろえることを考えると「ＳＬ-１２００ＭＫ２の一択だった」と宮崎も語る。

「そのころのピテカントロプスの上にダイナミック・オーディオというショップがあったから、早速テクニクスのＳＬ-１２００ＭＫ２を２台買って、高校生のころから持っていた野外録音用のミキサーと組み合わせて、すぐにスクラッチの練習を始めたね。当時はクロスフェーダー付きのＤＪミキサーって、日本ではなかなか手に入らなかったんじゃないかな。それからあまり時間が経っていないタイミングで、ジェミナイのクロスフェーダー付きのＤＪミキサーをニューヨークで１万円くらいで買ったのは覚えている。ピテカントロプスのハウス・バンドだったＭＥＬＯＮがヨーロッパ・ツアーをやって、その流れでイギリス滞在中にオフ日があったから、（屋敷）豪太とＫ．Ｕ．Ｄ．Ｏ．さんと３人でニューヨークに行ったんだよね」

ＭＥＬＯＮは中西俊夫を中心としたバンドで、日本のヒップホップ黎明期において重要な役割を果たしていくのだが、日本ではシーンの中心にいても機材情報を含めて手探りの状態だったようだ。

グラミー受賞ライブで初めて使われたターンテーブル

ハービー・ハンコックは、ジャズ界の〝帝王〟として認知されていたマイルス・デイヴィスのバンドに参加するというエリート・コースを経て1960年代にシーンに登場。1970年代以降は自身のリーダー作だけでなく、ジャズ・ファンクの名グループであるヘッドハンターズや、アコースティック・ジャズに回帰したVSOPクインテットでの活動によって、すでに〝ビッグネーム〟として認知されていた。

そんなハービー・ハンコックが、ビル・ラズウェル率いるマテリアルを共同プロデューサーに招いて制作されたアルバムが『Future Shock』であり、まずシングル・カットされたのが、冒頭曲「Rockit」であった。

「Rockit」でも顕著なように、ハービー・ハンコック名義の楽曲でありながら、エレクトロ風味をふんだんに含んだトラックの主導権を握っているのは、完全にベーシストでもあるビル・ラズウェル。演奏時間だけを考えてもメインでフィーチャーされているのは、グランドミキサーD．STのスクラッチという内容になっている。肝要なハービー・ハンコックはテーマとなるフレーズを要所で弾くだけであり、それはライブ映像でも顕著だ。

しかし、ハービー・ハンコック自身にとっても期せずしてのことであったであろう、「Rockit」が彼に初の〝グラミー賞〟という栄誉をもたらす。1983年にリリースされた音楽作品から選定されるアメリカ音楽界の最高権威レコーディング・アカデミー・アワーズ、通称〝グラミー賞〟において、〝ベストR&Bインストゥルメンタル・パフォーマンス賞〟を受賞することになったのだ。

なお、同年のグラミー賞はマイケル・ジャクソンが年間最優秀アルバム『Thriller』、年間最優秀レコード曲「Beat It」など、8部門を受賞したメモリアル・イヤーとしても知られている。ちなみに、宮崎から当時の貴重な情報として、「グランドマスター・フラッシュがMTVのなかで〈Billiy Jean〉を使って2枚使いの説明をしている映像があって、それはピテカントロプスでも流されていた」という証言もあったことを追記しておく。

もちろん「Thriller」や「Beat It」ほどではないが、〝ほかの年であれば〟と後年語られるほど「Rockit」の反響もすさまじいものがあった。作品のインパクトとして「Thriller」と比較する向きがいるほど話題となったオリジナルのミュージック・ビデオでは、マネキン風の人形がダンスをする、まさにエレクトロ期らしいもの。しかしながら、スクラッチを想起させるシーンがまったくないため、冒頭から登場するスクラッチ音が何のサウンドなのか理解できなかったというのが、当時リアルタイムで聴いた多くのリスナーの印象であった（そのビデオを制作したのはゴドレイ&クレームで、おそらく世界初と思われるビデオ・スクラッチも大きな話題だった）。

それが一気に衆目にさらされたのが、グラミー賞の受賞パーティでのライブ映像。後年、これがスクラッチとの出会いだったと発言しているDJも数多い。この受賞パーティでのグランドミキサーD.STの使用機材は、ターンテーブルがSL-1200MK2、DJミキサーがMX-2200で、前年のプロモーション来日時と同じ。これまであまり指摘されてこなかった部分だが、DJとしてグラミー賞のライブ・ステージに初めて立ったのがグランドミキサーD.STであり、そのツールとして使われ、手元で大きく映し出されたSL-1200MK2が、グラミー賞のライブで使われた初めてのターンテーブルというわけだ。

時代背景を知るための補足情報だが、「Rockit」のグラミー受賞直後の追い風を受けてリリースされたグランドミキサーD.STのシングル「クレイジー・カッツ（原題：Crazy Cuts）」の〝30センチ・ジャンボ・シングル〟こと、国内盤12インチ（CBS SONY：12AP 2761）の帯文にはこう記されている。

スクラッチ達人グランドミキサーの最新作がこれだ!! さらに磨きのかかった

驚異的スクラッチに身も心も動き出す!!

さらに、「クレイジー・カッツ」は国内盤7インチ（CBS SONY：07SP 789）もリリースされており、セールス的にも当時の期待値の高さがうかがえる。

ＳＬ-１２００ＭＫ２の存在を一般のリスナーにも知らしめた「Rockit」の数多くのライブ映像と前後して、『ワイルド・スタイル』のＤＪプレイを丹念に見返していて本書で大きなトピックとなる発見があった。『ワイルド・スタイル』で映し出されている、つまり使用されているターンテーブルは、すべてテクニクスのＳＬシリーズなのだ。

登場順に紹介していくと次のようになる。まず、アンダーグラウンドな雰囲気のクラブで、ビジー・ビーとダブル・トラブルのロドニー・シーがラップで登場するシーン。グランド・ウィザード・セオドアがプレイしているのは、ＳＬ-Ｄ３０３×２台（ＤＪミキサーはＥＬＩのＳＬ-２５００）。

続いて、グランドマスター・フラッシュをフィーチャーしたキッチン前のＤＪセットは、ＳＬ-１６００ＭＫ２×３台（ＤＪミキサーはジェミナイ ＤＡＣ Ｘ-２０００）。そして、野外劇場でのパーティ・シーンにおいて、グランドミキサーＤ.ＳＴなどがプレイしているのは、ＳＬ-２１０×２台（Ｄ.ＳＴがプレイしているＤＪミキサーはＥ

LI製だが型番不明）。これらは今となってはSLシリーズのなかで語られることのない、歴史に埋もれてしまった機種だが、いかにブロンクスの街角にまでSLシリーズが浸透していたかの証明と言える。

なお、スクラッチを発明したと言われるグランド・ウィザード・セオドアの手元がアップになったところで一瞬見えるレコードが気になった人もいるのではないだろうか。センター・レーベルに赤字で〝WILD STYLE〟、黒字で〝RAP TRACKS〟〝Produced BY FRED BRATHWAITE〟と手書きされたこのレコードは、『ワイルド・スタイル』のために特別に作られたブレイク・ビーツ集である。

プロデューサーのクレジットはファブ・ファイブ・フレディの本名で、全13トラックが収録されている。このなかから映画本編では5トラックだけが使用され、長らく謎ブレイクとして探査されてきたのだが、実は映画本編で登場したDJたちに配布するために100枚限定でプレスされたマニア垂涎のレア盤であった。

しかし、2014年にケニー・ドープからの熱いリクエストでKAY-DEEレーベルから7インチ×7枚組＋豪華ブックレットという特別仕様でリリースされている。このオリジナル・ブレイクを含む『ワイルド・スタイル』のDJシーンを見て、あらためて強く感じたことがある。それは、グランド・ウィザード・セオドア、グランドマスター・フラッシュ、グランドミキサーD.STの明確なプレイ・スタイルの違いである。ラップ／ダンスなどに挟み込まれるように登場するDJのレコードを触る指使い、そして手さばきに注目してほしい。

セオドアはラップのバッキング的な要素が最も強く、正確なビート・キープを心がけた感じで、側面を意識しながら軽くレコードにタッチする繊細なプレイ。

一方、〝フェーディング〟〝バックスピン〟といったトレードマークとも言える技を編み出していた時期だけに、アクロバティックな要素を見せつけるかのように大胆なフォームが印象的なグランドマスター・フラッシュ。登場シーンもDJプレイを映し出すことだけに集中した演出になっており、すでに別格という扱いだ。

「顔を写さないでくれと頼まれた」とチャーリー・エーハンが後日インタビューで語っていたように、特徴的なカメラ・アングルでの登場となったD.STは、レコードの盤面を大胆に緩急をつけながら前後させることで微細なスクラッチ音を描き分けている。いわば、ターンテーブルを一番楽器に近いニュアンスで扱っていると言えるだろう。

実際、先に紹介した『ミュージック・マガジン』1983年12月号掲載のピーター・バラカンによるグランドミキサーD.STのインタビューでも、次のような発言をしている。

今はスクラッチャーとしてではなく、ミュージシャンとして発言しているんだが、ぼく以外の人はタイミングがちょっと違うんだな。外れてるんだ。全く許せないよ。ギターのリズムが外れてたらやり直すだろ、スクラッチングも外れたらやり直すべきなんだ。それはぼくみたいにミュージシャンとしてスクラッチングをやってる人がいないからだと思う。（中略）もう一つぼくが他のスクラッチャーと違うことがある。たとえば、一つ気に入ったフレーズをくり返して使うスクラッチャーもいるんだが、ぼくは何をスクラッチしてるかわからないくらい丸っきり新しい音楽に作り変えてしまうんだ。

さらに、スクラッチングを新しいパーカッション・スタイルとして捉えているのか、という問いに対しては、次のように回答。

できたらそうしたい。ぼくはヒップ・ホップを他の音楽とクロスオーヴァーさせたい。

これらの発言からもわかるように、D．STは1983年の時点で後の〝ターンテーブリスト〟と呼ばれるDJたちと近いスタンスで自身を捉えていたわけだ。「Rockit」

のレコーディングに加え、それにともなうライブなどでビル・フリゼールを含む柔軟な発想を持った楽器演奏者たちと一緒に活動していくうちに、自然と芽生えてきた発想なのかもしれない。このようなスクラッチの表現の発展については、次章で詳しく紹介していく。

このインタビューが渋谷の東武ホテルで行なわれたのは、10月7日とのこと。期せずして『ワイルド・スタイル』が新宿座で封切られたのと同日である。これを単なる偶然だとは思えない。日本にヒップホップ・カルチャーの種が蒔かれた歴史的なシンクロニシティとして記載しておく。

蒔かれた種

もう少し『ワイルド・スタイル』クルーが蒔いた種について紹介していきたい。来日期間中、クルーは原宿・竹下通りの歩行者天国に足を運んでいる。インターネット上やエーハンの著作『チャーリー・エーハンのワイルド・スタイル外伝』(２００８年／プレスポップ・ギャラリー刊)にはそのときの写真が残されている。

たとえば、黒の革ジャンと革パンツを着たリーゼント・ヘアの日本人ロックンローラーのことを指さしているのは、ビジー・ビーとファブ・ファイブ・フレディだ。イスラム教の高位を指す〝アーヤトッラー〟を自称して頭に白い布を被り、自身でカットしたと思われるフリンジ仕様のツアーＴシャツを着てポーズを決めるビジー・ビー。全面にグラフィティが描かれたツアー・バス(！)の前でポーズを決めるＤＪアフリカ・イスラムやビジー・ビーとＫＫロックウェル。そして、それらを遠巻きに、しかし興味深そうに眺める日本の若者たち……。

これらは異文化の交錯というだけでなく、実際に直後からラジカセを持ってブレイク・ダンスを踊る日本人の若者なども現われるようになったという。しばしの時を経て、

１９８６～８７年ごろにはＤＪ ＫＲＵＳＨも歩行者天国でのＤＪパフォーマンスを開始している。

もちろん、ブロンクスのように電線から電気を無断で拝借したわけではなく、自家発電機とともに家庭用ながら大型のオーディオ・システムを持ち込んでいたわけだ。しかも、集会場などで使われる横長の折りたたみテーブルの上にセッティングされていたＤＪシステムはＳＬ‐１２００ＭＫ２×４台＋ＤＪミキサーが３台という気合いの入れようで。この路上に置かれたＤＪブースの前には養生シートが敷かれ、ブレイク・ダンサーたちがパフォーマンスを披露する。そんな光景が毎週末のように見られるようになった。

「最初はラジカセだったのかな。でも、近くで演奏しているバンドに負けたくなかったから、そのうち自宅の重いオーディオ・セットを持ち込むようになった。できるだけ音量を上げるんだけど、いかんせん家庭用だったからね。スピーカーを何発飛ばしたかわからない。まずはブレイク・ダンスが主役だったから、テンポが早めのエレクトロとかをかけて、たまにスクラッチを入れる感じのプレイだった。そうすると見たことのないおじさん、おばさんが寄ってきて〝そんなにレコードを触って大丈夫なの？〟って何度も言われたりして（笑）。通りかかったおじさんがＳＬ‐１２００ＭＫ２でスクラッチしているのを珍しそうにのぞき込んできたりね。そういった活動をしていると、知り合

1987 ～ 88年ごろ、原宿・歩行者天国でパフォーマンスするDJ KRUSHと彼の仲間たち。

いも増えていって、そのうちブレイク・ダンスだけじゃなくてラップも入るようになったり。それがKRUSH POSSEにつながっていったわけ」

また、Dub Master Xこと宮崎泉も着実に活動範囲を広げていった。

「原宿のモンクベリーズに専属のDJとして入ったのが、1984年なのかな。在籍期間は4〜5年だったと思う。後半になるとPAの仕事も忙しくなってきて、毎日入っていたモンクベリーズは週末だけになるんだけど、モンクベリーズでのDJ以外でも、たとえばタイニー・パンクスで（藤原）ヒロシがラップをやったりすると、俺がバッキングDJをやったり。いとうせいこうのツアーでもDJとしてまわったりしていたから、ひたすら2枚使い。あくまでもスクラッチは2枚使いの延長で、つなぎの表現のひとつという感じだったけど、4〜5年は家でもずっとSL‐1200MK2を使ってスクラッチの練習をしていたね」

宮崎のコメントにもあるとおり、『ワイルド・スタイル』では、グランド・ウィザード・セオドアが登場する場面や、エンディング近くでのグランドミキサーD・STの出演シーンに顕著なのだが、DJには曲を次々にプレイしていくという文脈とは別に、ラッパーたちのバッキングを担当する〝演奏者〟としての意味合いが付加したことも指摘しておくべきだろう。

このような形態は、グランドマスター・フラッシュが自身のステージにラッパーたちを立たせ、観客をあおるところからスタートしたと言われており、後にフューリアス・ファイブというラップ・グループ名でシーンに知られることになった。ほかにも、DJのチャーリー・チェイスを擁するコールド・クラッシュ・ブラザーズ、DJアフリカ・イスラムがバッキングを務めたロック・ステディ・クルーなど、DJ+ラッパー（もしくはダンサー）という構図はヒップホップのグループ化という側面もあって一般化していったわけだ。楽器を演奏しなくても音楽を奏でられる、いわゆるバンド形態を結成できるというのは、ターンテーブルを操る側からの〝発想の転換〟として音楽シーンを大きく塗り替えていった。

なお、その決定打とも言えるのが、〝ラップ〟を一般の音楽リスナーにまで広めたランDMCのミュージック・ビデオの数々であろう。2人のMCのバックには必ず2台のSL-1200MK2とDJミキサーがセットされ、DJのジャム・マスター・ジェイがサウンドを取り仕切るというイメージが定着。しかしながら、ロック・バンドであるエアロスミスの同名曲をモチーフとし、ミュージック・ビデオでの共演でも話題となった「ウォーク・ディス・ウェイ」の大ヒットを追い風として1986年に初めて来日した際に、なぜバンドがいないのか理解していなかった来場者も数多くいたというエピソードも、当時の時代背景をイメージさせる。

さて、本パートの最後として、『ワイルド・スタイル』が日本のＤＪシーンにもたらした功績を宮崎に総括してもらおう。

「ＤＪという存在が仕事のひとつとして認識されるようになったと思う。それはヒップホップに限らず。音楽をかけて、それで人を踊らせるということが、クリエイティブなこととして一般的な音楽リスナーにも認識されたと言えばわかりやすいかな。あとは、スクラッチ。そして、つなぎ。ミキサーさばき。世間的にはＤＪっていうと、レコードをキュキュって所作をやるじゃん？　それくらい広まったということ。これは間違いなく、『ワイルド・スタイル』からの流れと合わせて、ＳＬ-１２００ＭＫ２があったからこそだね」

PART
3
クラブ・カルチャーの成熟

ディスコからクラブへ

『ワイルド・スタイル』や「Rockit」など、いわゆるヒップホップ・カルチャーの伝来と前後して、ヒップホップ文脈以外でもSL-1200シリーズは着実にDJカルチャーに影響を与えていった。ここから紹介していくストーリーのなかでまず登場するのが、札幌にあった〝釈迦曼荼羅（シャカマンダラ）〟。すすきののど真ん中にあるビルの9階に位置し、床面積は千平方メートル以上、最大で2千人は集客できたという国内でも最大規模の巨大ディスコである。

なぜ、パート3が札幌のディスコから始まるのか。それは、パート2に登場してくれたDub Master Xと、これから登場いただくDJ NORIがともに足を運び、彼らのDJとしてのキャリアにも大きな影響を与えた伝説のハコだったからである。ここからは、ハウス・ミュージックの魅力を日本に知らしめたDJ NORIの原点とも言えるこの名店を出発点として、日本のディスコからクラブへの変遷を追体験していこう。

1979年にオープンしたという釈迦曼荼羅のダンス・フロアは、ニューウェーブ

／ロック／ポップなディスコなどがプレイされていた〝ギャラクシー・スペース〟と、ソウル／ファンク／渋めのディスコなどがプレイされていた〝アダム＆イブ・スペース〟の2フロアという構成になっていたという。

まだ高校生だったDub Master Xが同店を訪れることになったのは、当時バイト先の先輩であったDJ NORIがきっかけだったという。その辺りについては、記憶があいまいな部分だとDJ NORIは語るが、それほど時を経ずして、釈迦曼荼羅でDJとして働くことになった。

「釈迦曼荼羅は、サウンドシステムがすごいというのが第一印象。サーウィン・ヴェガというメーカーのスピーカーが入っていたんです。1980年の終わりくらいから、そこで働くようになったのですが、ターンテーブルはテクニクスのダイレクト・ドライブ・モーターを搭載したSP-15を2台使っていましたね。ピッチが液晶表示になっていて、0．1％刻みのステップ式でボタンを使ってピッチ変更するモデルです。DJミキサーはスピーカーと同じサーウィン・ヴェガ製。クロスフェーダーが付いたカスタム・モデルでした。クロスフェーダー付きは初めてだったので印象深いです。僕は入りたての下っ端DJだったこともあって、2フロアともやらせてもらいましたね。当時はどこもそうだったけど、見て覚えろという感じで、定休日以外は毎日17時から夜1時くらいまで働く生活でした。ただ、釈迦曼荼羅は音も良かったし、タイプの違う2フロアを体験できたのが、DJの経験として後々生きていると思います」

DJ NORIが釈迦曼荼羅の前に1979年くらいから在籍していたディスコでもテクニクスのダイレクト・ドライブのモデルが使用されていたという。

「元はソウル・バーだったところで、ヴァンガードというハコでしたが、そこはSP-10か、SL-1100だったはずです。40年近く前の話なので詳しくは覚えていませんが、小さなPAミキサーとの組み合わせでミックスするのがすごく難しかったことは記憶に残っていますね」


この後、DJ NORIは札幌を離れ、六本木のディスコで働くようになる。

「ネペンタという老舗だったのですが、そこが初めてのSL-1200MK2との出会いですね。1982年くらいだと思います。まだクラブの〝ク〟の字もないころで、早い時間から盛り上がっていましたね。1970年代から続くディスコのイメージで、サーファーが集まるような時代の話です。曲はブラコンが多かったと思うのですが、そこから少しずつエレクトリックなものがミックスされていったような時期のはず。少しずつプレリュード・レーベルなども人気が出てきて、ウェスト・エンド・レーベルなども音が変わってきたタイミングです。アメリカの西と東で音の違いがはっきりしてきて、ニューヨーク・サウンドが盛り上がり出したころですね」

補足しておくと、プレリュードはDトレインやハイ・グロスなど、ウエスト・エンドはターナ・ガードナーやルーズ・ジョインツなどで知られるダンス・クラシックの名門レーベル。シカゴに端を発するハウス・ミュージック誕生直前のディスコの現場で支持を集めていた。

「ただし、当時はロング・ミックスといった言葉もまったく知られていない時期です。だから、アカペラのトラックに別曲のインスト・バージョンをまぜてプレイしてもわかってもらえない。お客さんがついて来られないというか、あくまでもヒット曲で盛り上がるためにほかの曲がある感じでしたね。当時はどこのディスコも店に置いてあるレコードを専属のDJがプレイするという形式でしたが、本部からの指令で選曲ノートを書かされたりしましたよ。当時、在籍していたディスコはレコードのストックが200～300枚しかないのに、プレイがマンネリ化していると指摘されたり（笑）。カートリッジを交換するときは、ターンテーブルの横の紙に交換日を記入していたような時代です」

続いてプレイするようになったディスコも系列店だったという。

「メイキャップという店でしたが、そこは店内が美容室風になっていて、ビタミン剤なども売っているようなところでした。踊りながら日焼けもできるというのがコンセプトで（笑）。それが1983年くらいのはずですが、東京ではいつの間にかどこもターンテーブルはSL-1200MK2になっていましたね。DJミキサーはともにロデックで、縦フェーダーしかないモデルだったと思います」

それからは国内のいくつかのディスコを経て、札幌に戻った時期もあったという。

「1984年くらいから何店舗かでDJとして入りましたが、札幌でもSL-1200MK2に入れ替わっていましたね。あと、それより少し前、たぶん1983年に初めてニューヨークに行ったんです。最初は旅行で行って2〜3週間くらい滞在して。次に行ったときは2ヵ月で、それから数年後の1986年には渡米してニューヨークでDJとして生活するようになったわけです」

DJ NORIのニューヨーク時代での有名なエピソードが、伝説のクラブとして今も語り継がれる〝パラダイス・ガラージ〟と、そのレジデントDJであり、まさにカリスマという言葉がふさわしいDJ、ラリー・レヴァンとの邂逅である。

「初めてニューヨークに行ったときは、まだパラダイス・ガラージを知らなかったんです。数少ない情報からでも、ニューヨークに対する憧れはありましたけど、まずは高橋透さんがDJをやっていたクラブ、ザ・セイントに行ってみたかったというのがきっかけですね。釈迦曼荼羅でチーフDJを務めていたMIKIさんから透さんを紹介してもらっていたこともあって」

高橋透は、1970年代後半の活動開始からニューヨークと日本のシーンの架け橋として知られ、〝ゴッドファーザー・オブ・ハウス〟とも呼ばれるDJ。その高橋経由で、DJ NORIが存在を知ったというザ・セイントは、ニューヨークでパラダイス・ガラージと同時期に人気を博していたクラブである。イースト・ビレッジに位置し、プラネタリウムを意識した照明演出でも話題になっていた。

「ザ・セイントはスペーシーな世界観で、プラネタリウムのような照明が目に入ってくるので、それに合わせた選曲という感じです。ザ・セイントのDJブースにはSL-1200MK2が3台並んでいたのを覚えています。DJミキサーはウーレイのmodel 1620で、照明を含めて時代の先を行っているなというイメージ。初めてザ・セイントに行った際にパラダイス・ガラージのことを知ったんですが、行けたのは次にニューヨークを訪れた1985年ですね」

次第に円高が進行していたとはいえ、まだ対ドルの為替レートは210~250円ほど。情報量はもちろん、エアー・チケットの代金なども加味して考えると、現在よりもずっとニューヨークが遠かった時代の話である。

「パラダイス・ガラージにはそれから何度も足を運んだけど、フロアより上の階に位置するため、結局DJブースのなかを見ることはできませんでした。だから、これは憶測なのですが、ターンテーブルはトーレンスのベルト・ドライブのモデルを3台使っていたはずです。フランキー・ナックルズがトーレンスを使わせたらラリーが一番うまかったと言っていたくらいなので。ラリーは自分で照明もやったり、スピーカーも自作していたので、特別なこだわりがあったんでしょうね。いずれにしても、パラダイス・ガラージは音、選曲、ミックス、これらすべてに衝撃を受けました」

ＤＪ ＮＯＲＩがニューヨークに住み始め、パラダイス・ガラージに毎週のように通うようになったときの思い出の曲を紹介してもらった。

「当時、出たばかりだったグレイス・ジョーンズ〈Slave To The Rhythm〉はよくかかっていましたね。あと、フィリス・ネルソン〈I Like You〉がヒットしていて、その翌週には、パティ・オースティンのライブがあったり。ハウス・ミュージックの出始めのころになるわけですけど、シカゴ・ハウスのＪＭシルク〈Music Is The Key〉がすでに2枚使いでかかっていましたね」

ＤＪ ＮＯＲＩがニューヨークに住んでいた１９８０年代後半は、日本においてもディスコ／クラブの変革期にあたる。後にハウス・ミュージックへと続くニュー・ウェーブ／ディスコのＤＪも増加しており、東京のシーンにおいては〝クラブ〟という存在が着実に注目を集めるようになっていったのだ。

営業スペースとして考えるとディスコとクラブの分類は難しいところなのだが、専属のDJをブースの核に据えたディスコに対し、イベント主体でDJが入れ替わるのがクラブという差異は明確なところだ。世間はバブル景気の最中。音楽を主目的にするというよりは、盛り上がることを前提とした狂乱へのアンチテーゼとしての視点もあったのであろう。西麻布ではP・ピカソやトゥールズ・バー、乃木坂のディープ、青山のミックス、渋谷のケイヴ、原宿のクラブD、新宿の第三倉庫〜ミロスガレージといった、日本の新たなシーンの胎動を伝播させていった伝説のハコが徐々にオープンしたのが1980年代にあたる。

これらのクラブにおいて、イベントごとのDJの入れ替えを実現する上で欠かせないのが、各ブースでのDJ機材の統一化。特にピッチ調整とスムーズな頭出しに繊細さが要求されるターンテーブルについては、ライバル不在の同時期にSL-1200シリーズがスタンダード・モデルとして定着していったことは容易に推測できる。

ディスコからクラブへとDJカルチャーの波及力の中心が移り変わるなか、1989年にオープンしたのが、芝浦ゴールドという7階建の超大型クラブである。サウンド・エンジニアのジェームス・トスがカスタムで組み上げた巨大なサウンドシステムを配置し、3階から5階の一部まで吹き抜けになったメインのダンスフロアを中心に、なかには大小さまざまなフロア／バーが設けられ、ジャグジーを備えた会員制クラブまで用意されていた。サウンド・プロデュースを手がけ、土曜のレジデントＤＪを務めたのは高橋透。そんな縁もあって、ＤＪ ＮＯＲＩもほどなくしてニューヨークから帰国し、１９９０年からゴールドに参画することになった。

「ゴールドのメイン・フロアのＤＪブースにセットされていたのはＳＬ-１２００ＭＫ３が３台でしたね。手前にあったＤＪミキサーはウーレイのｍｏｄｅｌ １６２０のカスタム・モデルです。当時のことを話していて、あらためて思うのが、音の良い環境がＤＪを育てるということ。ターンテーブルに載せられないレコードがあることに気付けるような環境が大切なんです。制作方法によっては、曲が良くてもサウンドがダメだから載せられないレコードもある。ＤＪというのは、音響も含めての表現だと思うので、サウンドシステムに対する配慮はもちろん、使用するターンテーブルのグレードやセッティング、さらにはカートリッジの選択なども重要です。そして、それらに対応できるようなレコードでなければ、ターンテーブルには載せない。そこにもＤＪとしてのジャッジが必要だと思います。歴代のＳＬ-１２００シリーズを満遍なく触ってきているわけではないですが、ＭＫ３からも進化の歴史があるということはすごいことだと思いますね」

ゴールドのメインのダンスフロアを統べるかのように吊されていたのが、直径１メートルという巨大なミラー・ボール。圧倒的なサウンドシステムはもちろん、空間演出という意味において、さらにはニューヨークをはじめとする海外から招聘されたＤＪたちのプレイなどにおいても、多くの伝説を残していった。

ほかにも、東京のクラブ・シーンを語る際に忘れてはいけないのが、西麻布で１９９１年に産声を上げたイエロー（Ｓｐａｃｅ Ｌａｂ Ｙｅｌｌｏｗ）。ここでもオープン当初からＤＪブースの最前にセットされていたのが、ＳＬ-１２００ＭＫ３であった。

ゴールドとイエローを基軸に、ＳＬ-１２００シリーズのダイレクト・モーターを動力として、ハウスやテクノ、ヒップホップやレゲエ、アシッド・ジャズ、さらにはポップス・フィールドの音楽業界を巻き込みながら、１９９０年代は日本のクラブ・シーンが大きく盛り上がっていった。

Technics
DCR1200
Pioneer

3台のSL-1200がセットされた、Space Lab YellowのDJブース（撮影：太田泰輔）。

MK2からの〝さらなる深化〟

これまでに紹介してきたように〝ディスコ〟を使用環境に想定して開発され、そこから派生した〝クラブ〟、さらにはDJの個人ユースにまで、着実にシェアを広げてきたSL-1200シリーズだが、SL-1200MK2以降も数年に一度のタームでバージョン・アップを重ねていった。ここでは、その詳細について、宣伝事業部で長くテクニクスのプロモーションを担当していた今井徹（1982年入社）と、オーディオ事業部で宣伝を担当していた上松泰直（1991年入社）の2名から聞き出した話を交えつつ紹介していこう。

まずは年長の今井とSL-1200の出会いから尋ねてみたところ、時代背景を感じさせる逸話から話してくれた。

「SL-1200に仕事として携わる以前になるのですが、1984年ごろに大阪の門真市にあった松下電器の社員寮で、〝GO WEST〟というミニFM局を週末にやっていたんです。出力はワイヤレス・マイクくらいとは言いつつ、実際には近隣かなりの範囲で聴けるような環境を作って。当時はまだJ-WAVEや大阪の802などが開局する前で、個人でミニFM局をやるのが流行していたんですね。そこで途中からSL-1200MK2を導入したのがルーツです。その流れでテクニクスのプロモーションをやりたいと、社内の宣伝事業部の募集に応募したんです。それで1989年に宣伝事業部に配属になりました」

1989年は、ちょうどSL-1200MK3が発売された年にあたる。主なバージョン・アップのポイントは次の通りだが、クラブなどの大音量下においても、外部からの振動をターンテーブルに伝えづらくするなど、ヘビーデューティな現場からの意見が的確に反映されている。

【SL-1200MK3】1989年販売開始（69,800円）
◎プラッターの裏面にデッドニング・ゴムを貼り付け、耐振性能を向上。
◎アルミ・ダイキャストのボディと特殊重量級ゴム製のボトム・カバーの間には、専用で合成されたTNRC（テクニクス・ノン・レゾナンス・コンパウンド）と呼ばれるパーツを新たに採用。
◎SL-1200シリーズとして国内では初めてブラック・ボディを採用。
◎スクラッチ・プレイ用のソフト・ラバー製ディスク・スリップ・シート付属。

このＳＬ－１２００ＭＫ３の発売を経て、初代ＳＬ－１２００が１９９３年にグッドデザイン賞の〝ロングライフデザイン賞〟を受賞するに至った。そしてついにＳＬ－１２００シリーズは世界累計販売台数が２００万台を突破。それを記念して限定モデルとなるＳＬ－１２００ＬＴＤがリリースされることになる。

【ＳＬ－１２００ＬＴＤ】１９９５年販売開始（10万円）

◎トップ・パネルのロゴ・プレートにはシリアル・ナンバーが刻印されているほか、トーンアームには24金ゴールド・メッキが施され、外部からの振動や部分共振の影響を低減。

◎電源ケーブルは旧来のモデルよりも太い線材を使用。

◎ピッチのＯＮ／ＯＦＦスイッチが追加され、ワンタッチで±０％の定速回転に戻すことが可能に。

◎スクラッチ・プレイ用のディスク・スリップ・シート付属。

光沢のあるブラックのボディ、金メッキが施されたトーンアームやプラッター外周部など、特別仕様を思わせるデザインが特徴的。「これは日本だけの企画製品です」と上松が解説する。

「5000台限定で、国内のみの販売でした。ゴールド仕様のインパクトのあるデザインで、のちに北米などではオークションで高額が付く商品となりました。モデル名が書かれたシリアル・ナンバー・プレートには通し番号が刻印されているほか、プロモーション目的でオリジナルのレコード・バッグやキーホルダー、キャップなども販売しました。仕様面については、ほぼMK3をベースにしていますが、初めてピッチのリセット・スイッチを搭載したモデルになります」

「SL-1200LTDが出たくらいのタイミングで、ライセンス事業も始めました」と今井が続ける。

「あまりに偽物が多かったこともあって、アパレル商品などについても正規ライセンス品を作ろうということになりました。ヘッドフォンなどの商品展開が揃ったタイミングでもあり、BEAMSなどで販売をしてもらいました。より幅広い層にテクニクス・ブランドを訴求しようという考えです」

そのヘッドフォンというのが、〝変幻自在〟の横に〝フリースタイル〟というルビの振られた広告を展開していたDJ用ヘッドフォン、RP-DJ1200である。

「それまでテクニクスにはDJ用ヘッドフォンのラインナップがなかったんです。ターンテーブルだけではなく、DJミキサーとDJヘッドフォンも必要だということで社内提案をしたんです。ターンテーブルだけでは〝点〟ですが、そこにＤＪミキサーとＤＪヘッドフォンが加われば〝面〟になる。そこでプロモーション・キットを作成して、情報発信をしていきました。プロモーション面であれば、スリップマットのデザイン・コンテストをやったのも、このころでしたね。そういう展開をしていると一般誌などのメディアも〝１２００特集〟をガンガン組み出してくれるようになったんです。結果的にＲＰ-ＤＪ１２００はグローバルで50万台売れるヒット商品になりました。実は社内提案をしたときに、上司から〝良い提案だから1台あたり１００円のパテント料をやる〟と言われたのですが、もし冗談ではなかったら５千万円でしたね（笑）」

ＳＬ-１２００シリーズの陰に埋もれがちだが、ＲＰ-ＤＪ１２００は隠れた大ヒット商品であり、来日時に数台まとめ買いしていたデリック・メイなどトップＤＪたちにも愛用者が多かった。

さらに、先の今井の発言にあったＤＪミキサーとは、１９９６年に発売されたＳＨ-ＤＪ１２００のこと。４系統２チャンネル入力で各チャンネルに２バンドのＥＱを搭載、高精度の抵抗体を用いた高い耐摩耗性を誇るフェーダーを採用したＳＨシリーズは、特にヒップホップＤＪたちの間で定番として認知されるモデルとなった。上松によれば「バトルＤＪの大会〝ＤＭＣ〟の公認ミキサーに指定されたことで一気に認知が広がっ

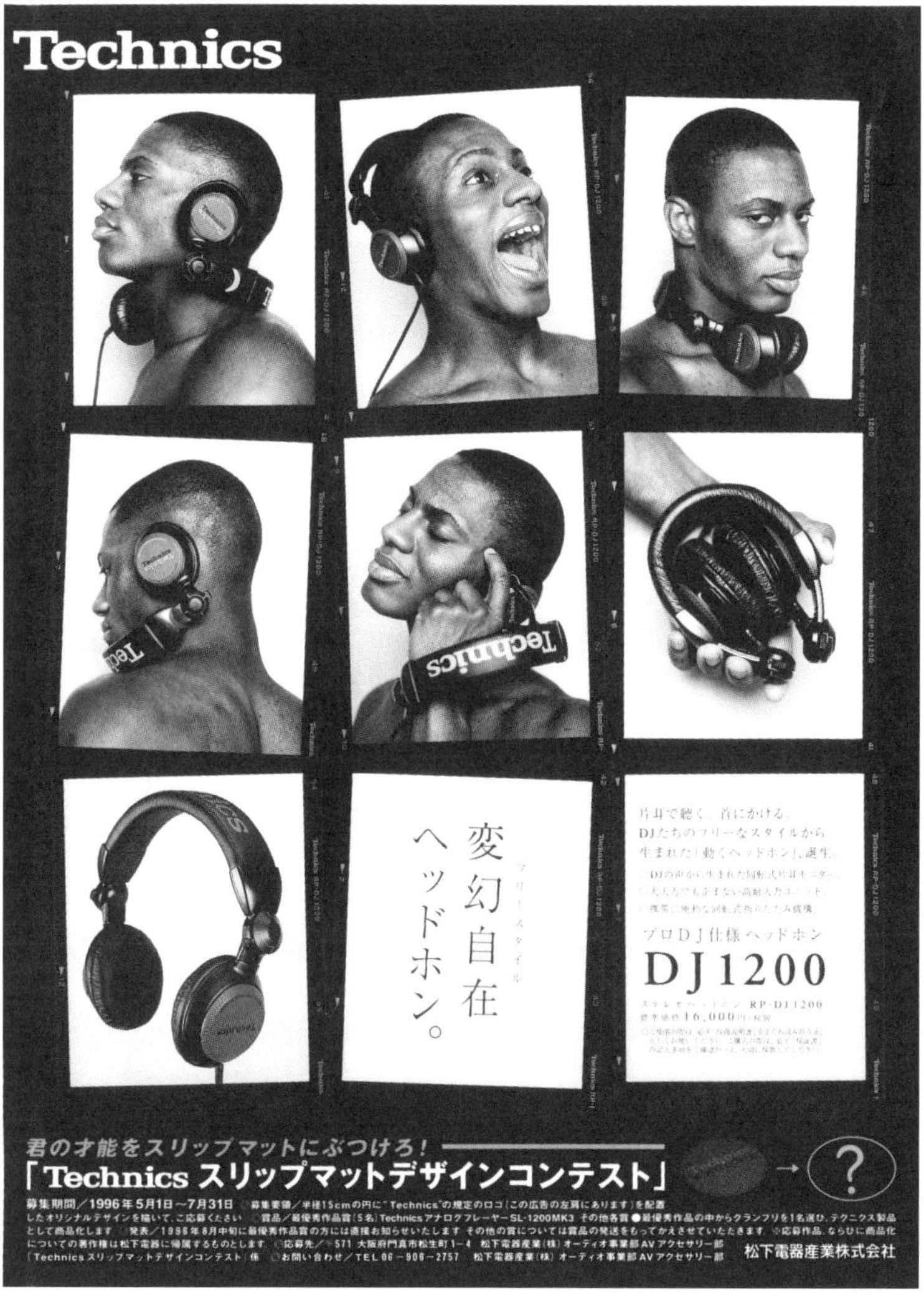
Technics
変幻自在《フリースタイル》
ヘッドホン。
片耳で聴く、首にかける。
DJたちのフリーなスタイルから
生まれた「動くヘッドホン」、誕生。
プロDJ仕様ヘッドホン
DJ1200
RP-DJ1200
16,000円
君の才能をスリップマットにぶつけろ！
「Technics スリップマットデザインコンテスト」
?
募集期間／1996年5月1日～7月31日 ◎募集要領／半径15cmの円に"Technics"の規定のロゴ（この広告の左肩にあります）を配置したオリジナルデザインを描いて、ご応募ください ◎賞品／最優秀作品賞（5名）Technicsアナログプレーヤー SL-1200MK3 その他各賞 ●最優秀作品の中からグランプリを1名選び、テクニクス製品として商品化します ◎発表／1996年8月中旬に最優秀作品賞の方には直接お知らせいたします その他の賞については賞品の発送をもってかえさせていただきます ◎応募作品、ならびに商品化についての著作権は松下電器に帰属するものとします ◎応募先／〒571 大阪府門真市松生町1-4 松下電器産業（株）オーディオ事業部AVアクセサリー部「Technicsスリップマットデザインコンテスト」係 ◎お問い合わせ／TEL 06-906-2757 松下電器産業（株）オーディオ事業部AVアクセサリー部
松下電器産業株式会社

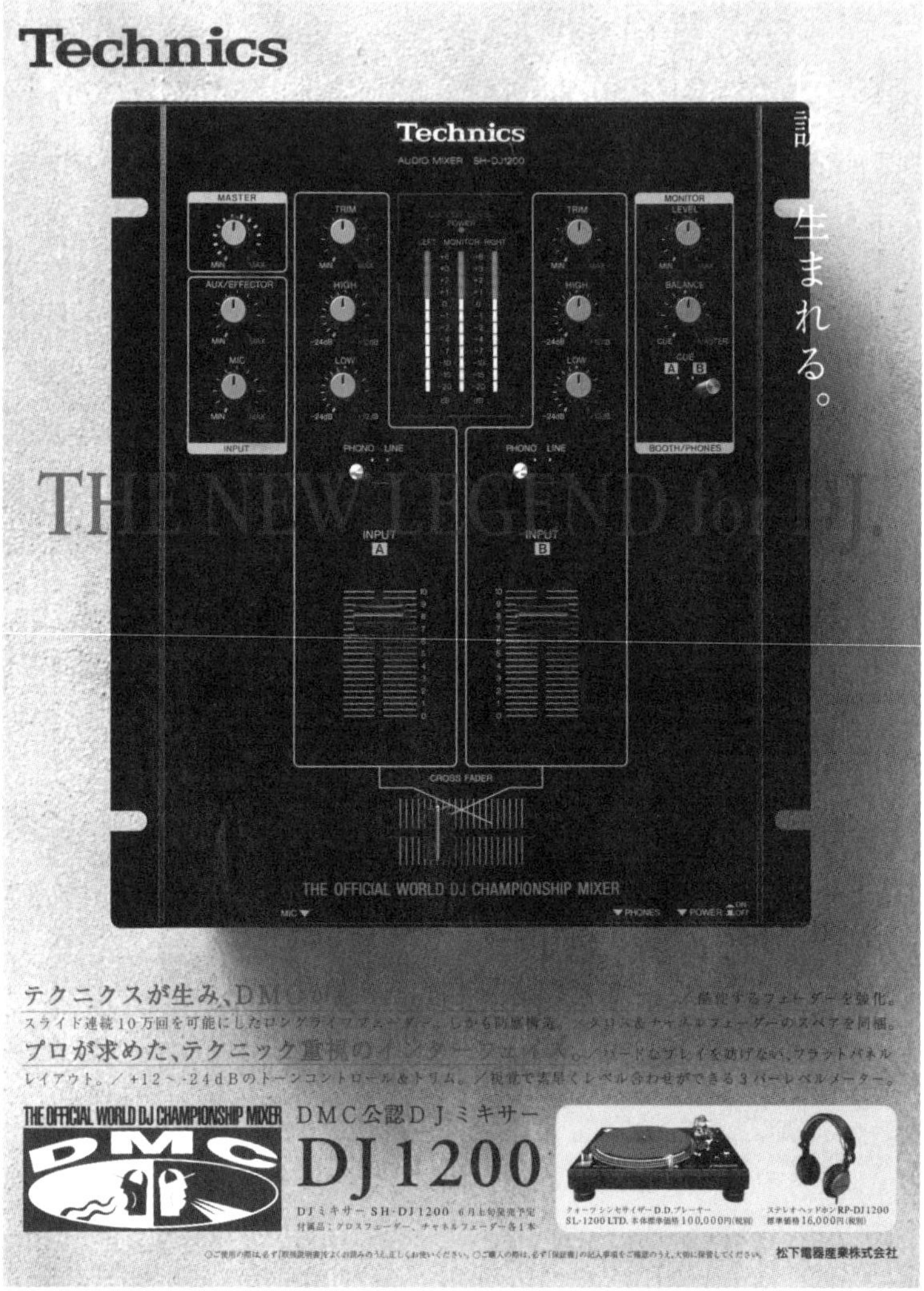
Technics
Technics
AUDIO MIXER SH-DJ1200
THE OFFICIAL WORLD DJ CHAMPIONSHIP MIXER
THE OFFICIAL WORLD DJ CHAMPIONSHIP MIXER
DMC
DMC公認DJミキサー
DJ 1200
DJミキサー SH-DJ1200 6月上旬発売予定
付属品：クロスフェーダー、チャネルフェーダー各1本
クォーツシンセサイザーD.D.プレーヤー
SL-1200 LTD. 本体標準価格100,000円(税別)
ステレオヘッドホン RP-DJ1200
標準価格16,000円(税別)
松下電器産業株式会社

たモデルです」とのこと。

「楽器店などでは、SL-1200と一緒にDJセットとして販売してもらいましたね。その後、縦フェーダーのカーブ特性を3段階で調整可能なSH-DX1200を2000年に発売しました。しかし、こちらの想定以上にクロスフェーダーが酷使されるということがわかり、2001年には光方式クロスフェーダーを新たに採用したSH-EX1200に進化したんです」

世間では〝DJブーム〟という追い風がさらに加速していったのが、1990年代後半。「このころは毎週末、クラブにプロモーション活動に行っていました」と上松が感慨深そうに語る。

「商品をクラブやイベントの会場に持ち込んで来場者に触ってもらったり、楽屋でDJの方に実際にプレイしてもらって意見を聞いたり。クラブのエントランスなどにブースを設置させてもらうこともありましたね。朝まで続く活動なのでいろいろありましたよ。展示していた機材を勝手に持ち帰ろうとした人もいましたから。そのときは道玄坂を必死で追いかけました（笑）」

プロモーション・スタッフがクラブの喧騒の真っ只中にいた1997年に登場したの

が、シルバーのボディ・カラーが復活したＳＬ-１２００ＭＫ３Ｄだ。

【ＳＬ-１２００ＭＫ３Ｄ】１９９７年販売開始（オープンプライス：５万５千円前後）

◎ピッチ・コントローラーの±０％近辺に存在していたセンター・クリックの廃除。
◎誤作動防止のため電源スイッチを中に埋め込み。
◎トーンアームの根元付近に予備のカートリッジを用意しておけるシェル・スタンドを設置。
◎ダスト・カバー用ヒンジの廃除。
◎スクラッチ・プレイ用のディスク・スリップ・シートの素材を静電気除去加工特殊フェルトに変更。
◎ポリエチレン製スリップ調整シートを付属。
◎カラー・バリエーションとして２０００年にＳＬ-１２００ＭＫ３Ｄ Ｂｌａｃｋを追加ラインナップ。

ＭＫ２以降で、比較的大きな仕様変化があったのが、このＭＫ３からＭＫ３Ｄへの移行期だ。「基本として、大きなコンセプトは不変。中身は時代の要請に応じて変え

Technics
新しい伝説を抱け。
Technics
シルバーに進化した、伝説のロングラン機。
◎プレイ中の誤動作を防ぐ、新形状パワースイッチ。
◎ピッチコントロールのセンタークリックを排除。一発リセットもOK。
◎キャビネット上部にシェルスタンド装備。
クォーツシンセサイザーD.D.プレーヤー
1200MK3D
オープン価格
タフネス&ロングライフのプロ用DJミキサー。
DMC公認オーディオミキサー
DJ-1200
世界No.1をねらうDJバトルが、今年もはじまる。THE DMC Technics WORLD DJ MIXING CHAMPIONSHIPS '98
DMC
JAPAN AREA スケジュール
8/29 JAPAN FINAL
info: DMC JAPAN
10/18〜21 WORLD FINAL at FRANCE
松下電器ホームページ
http://www.panasonic.co.jp/panasonic-j.html
Technics ホームページ ▶ http://www.panasonic.co.jp/technics/
あなたとともに 豊かな未来へ 松下電器

ていっているわけです」と今井が説明すると、「社内的にはMK3について、まだハイファイ向け製品という意識があったのはたしかです」と上松が続ける。

「でも、1990年代半ば以降、DJがかなり台頭してきて、販売先も普通の家電量販店やオーディオ・ショップから、楽器店のほうに大きくシフトしていった。そういうこともあって、DJ向けにさらにチューニングした製品を作ろうということになりました。MK3DのDは、〝DJ〟のDですね。SL-1200LTDですでに採用されていますが、スタンダード・モデルということでは、リセット・ボタンが追加になったことが大きな特徴です。あと、±0%近辺のセンター・クリックがなくなっています。さらにカートリッジ・スタンドが付いたり、電源スイッチの形状を見直したり……細部ですが、現場からの声をつぶさに反映しています」

このMK3Dは、1998年に〝グッドデザイン賞〟を受賞。一方、MK3DでDJニーズに的を絞ったがゆえ、誕生したのがMK4である。これまで紹介してきたSL-1200ストーリーとは一線を画し、DJ目線においては〝外伝〟とも位置づけられる製品だ。

【SL-1200MK4】1997年販売開始（8万5千円）

◎ダイキャスト下部にアンプ出力用の端子があり、ＲＣＡピン・コードは着脱可能。
◎78回転にも対応し、ＳＰ盤の再生も可能。
◎カートリッジの出力部からアンプ入力までの配線材にはＯＦＣ（無酸素銅線）を採用。
◎2重バネを内蔵した大型インシュレーターを採用。
◎ピッチのＯＮ／ＯＦＦスイッチや、ピッチ・コントローラーの±０％近辺のセンター・クリックを省略。
◎ＭＫ３Ｄで採用されたシェル・スタンドや、電源スイッチの誤動作防止用の機構を廃除。
◎ＭＫ３Ｄで廃除されたダスト・カバー用ヒンジの復活。

「ハイファイ愛好者の方からは、ＳＬ-１２００シリーズはＤＪのイメージが強すぎて……という意見をよく聞きました」と上松は当時を振り返る。

「大きな仕様変更というのは、売り上げ見込みからも難しいですし、ハイファイ用とはいえ、見た目は従来のＳＬ-１２００シリーズを踏襲したものにならざるを得ません。とは言いつつ、できる方策としてスリップマットを廃止したり、カタログを分けたりしたわけです。ＳＬ-１２００はすでにしっかりとした製品なので、ＭＫ４は今一度ハイファイ用にチューニングし直したという位置づけですね。音にこだわりの強いクラブでも使われることがあって、現在でも中古市場でDJを含めてニーズの高い製品です」

時代背景としては、1996年に大型の野外レイヴ〝レインボー2000〟がスタートし、1999年には大規模屋内フェスティバル〝WIRE〟がスタートするなど、SL-1200を求める現場も多様化し、ニーズもさらに増加。最盛期には社内に50台以上の貸し出し用デモ機が用意されていたというから驚きだ。販売台数としてもピークを迎えつつあったようで、「1990年代後半から2000年くらいが一番販売台数が多いはずです。それこそ年間15万台とか」と上松が内情を明かしてくれた。

そのような流れのなか、円熟期に入ったSL-1200シリーズもMK5／MK5Gの2モデルが同時発売となった。

【SL-1200MK5／MK5G】2002年販売開始（オープンプライス：MK5＝5万円前後、MK5G＝7万円前後）

◎プラッターの下部にあるブレーキ・スピード・ボリュームからストップ・ブレーキの速度調整が可能（共通）。

◎簡単に好みの針圧に調節できるようにアームウェイトの取り付け部分に目盛りを刻印（共通）。

30年の神話。
さらなるスピード変化を実現。
pitch adj. ±16 ←→ ±8スイッチ
SL-1200 30th Anniversary
1200MK5G
クォーツシンセサイザーD.D.プレーヤー（ハイグレードモデル）SL-1200MK5G オープン価格* NEW
（スタンダードモデル）もリニューアル SL-1200MK5 オープン価格*
詳しくはホームページで www.sl-1200.com
Technics

◎スタイラス・イルミネーターに白色LEDを採用し、さらなる高輝度と耐久性を確保（MK5）。
◎ボディ・カラーはシルバーとブラックをラインナップ（MK5）。
◎スタイラス・イルミネーターとピッチ・コントローラー部に青色LEDを採用し、さらなる高輝度と耐久性を確保するとともに、イメージを刷新（MK5G）。
◎従来の±8％に加え、±16％の連続可変のピッチ調整が可能（MK5G）。
◎トーンアーム架台部に水平荷重調整機構を新たに搭載し、さらなる針飛びの低減を実現（MK5G）。
◎トーンアーム内部の芯線材料にOFC（無酸素銅線）を採用（MK5G）。

SL－1200シリーズにおいて、初めて2モデルの同時発売となったことについては「デジタル系のターンテーブルが台頭してきて、その影響があったことはたしかです」と上松。

「従来から±8％という可変幅は少ないという意見はあったのですが、DJの方々が使い慣れている操作感を維持する意味で±8％を踏襲してきました。ただ、上位モデルという位置づけのMK5Gでは±16％を採用しました」

この仕様変更によって、抽象的なサウンドを多用した、いわゆるバレアリック・サウンドを好むＤＪなどを中心に、本来聴かれるべきものとは異なる回転数で再生し、大幅にピッチ調整することでロング・ミックスを可能にするといった、マニアックな使用法も生まれた。このような使用法はサンプリングを行なうトラック・メイカーなどからも支持を集めた。なお、２００２年には初代に続いてＭＫ３Ｄが〝ロングライフデザイン賞〟に輝いている。

さらに２００２年には、ＳＬ‐１２００にとって大きなトピックが待ち受けていた。初代ＳＬ‐１２００が発売されたのが１９７２年……そう発売30周年というアニバーサリー・イヤーだったわけだ。この間にはＤＪたちを取り巻く環境も大きく変化してきたが、ＳＬ‐１２００シリーズが圧倒的な支持を集めるアナログ・ターンテーブルであることは常に変わらなかった。そして、ＤＪたちがＳＬ‐１２００をただの再生機としてでなく、楽器のように使いこなすことで新たなカルチャーが生まれていった。そんな思いをユーザー側から発信すべく、ＳＬ‐１２００を主役に据えて企画されたクラブ・イベントがＳＬ‐１２００ ＮＩＧＨＴである。

開催日は２００２年11月17日、会場となったのは川崎クラブチッタ。出演アクトがヒップホップ・サイドからは、初来日となったダイレイテッド・ピープルズ（フィーチャリングＤＪはＤＪバブー）、ビート・ジャンキーズ（メロ・Ｄ、Ｊ・ロック、レットマティック、DJバブー）という海外勢と、国内からはDJ KRUSH、MURO、DJ YUTAKA、GM YOSHI、DJ NOZAWA、DJ SHARKが集結。レゲエ・サイドからはマイティ・クラウンが出演し、今見ても非常に豪華なラインナップだ。そして、オーガナイザーを務めたのが、本書の企画者でもあるオーバーヒートの石井〝EC〟志津男。多数の来場者がつめかけたのは言うまでもないが、出演者たちが一様にSL-1200のアニバーサリーに参加できたことを喜んでいたという。

このSL-1200 NIGHTにフォーカスしたTV番組がスペースシャワーTVでも放映されている。当日の模様と出演者からの熱いメッセージを織り交ぜ、さらに先述のクール・ハークに加え、Q-ティップやグランド・ウィザード・セオドアといったレジェンドたちが同イベントに寄せたコメントも紹介された。

ストーリーをSL-1200の進化に戻そう。先のMK5Gに関する発言にもあったデジタル系ターンテーブルということでは、テクニクスもSL-1200シリーズにカテゴライズされるモデルを2度発売している。

「実は、1986年にSL-1200シリーズとしてCDプレーヤーも発売していました」と今井が当時を振り返る。

「CDが市場に受け入れられ始めたタイミングで、SL-P1200というモデルを出しているんです。トップ・パネルに取り出し口や再生用の操作ボタンをレイアウトしていて、さらに曲の頭出し用のジョグダイヤルや、±8%のピッチ・コントロール用フェーダーが並んでいるモデルです。当時人気だったディスコのマハラジャなどに入っていましたね。いろんな意味で早すぎたモデルです」

先に登場いただいたDJ NORIによれば芝浦ゴールドでもブースにセットされていたという。あと、忘れてはいけないのが、2004年に発売になったSL-DZ1200という意欲的なCDターンテーブル。その最大の特徴は、SL-1200シリーズと同等の操作感を実現すべく、ダイレクト・ドライブと10インチ盤サイズのプラッターを採用しているところ。さらに、±8/16/33/50%を選択可能なピッチ・コントローラーや、4つのサンプリング・パッドなど、デジタルならではの多彩な機能が詰め込まれていた。SL-1200シリーズを製造し続けてきた本家だけに、操作感や仕様面で多くの挑戦を重ねた労作だったが、社内の諸般の事情により短命のモデルとなったのは惜しまれるところだ。

早すぎたDJ向けCDプレーヤー、SL-P1200。

Technics
デジタル、操る。
SL-DZ1200 オープン価格※
名機SL-1200のパフォーマンスをデジタルに受け継ぐ
SD SLOT
CD SLOT
□ハイトルクD.D.モーターで回転する
スクラッチテーブルを搭載。
□CD、CD-R(MP3など)、SDメモリーカードなどのデジタル音源に対応。*
□SDメモリーカードでサンプリングデータなどを保存。
＊対応するメディア、フォーマットはホームページでご確認ください。
※オープン価格商品の価格は販売店にお問い合わせください。
詳しくはホームページで panasonic.jp/DJ
For Digital,
DJミキサー
誕生。
MZ1200
オープン価格※
デジタルターンテーブル、誕生。
DZ1200
digital1200

これはあまり知られていない情報なのだが、実はＭＫ３以降、ＭＫ３Ｄを含むＭＫ４までのモデルはヨーロッパで未発売なのだ。現地の販売代理店からの意見として〝ＭＫ２だけあればいい〟という強固な意見を聞き入れ、ずっとＭＫ２は製造が続けられていたのである。海外ツアーに出かけたＤＪたちから、「２０００年代になってもヨーロッパでは新品のようにきれいなＭＫ２が現場にセットされていた」という都市伝説のような話を聞いたことが何度もあったのだが、その理由が最新モデルの出荷制限であった。当然、日本国内やアメリカ市場に向けては最新モデルが出荷されるので、常に2ラインの製造が行なわれていたことになる。この辺りからも、一般的なオーディオ製品とは違った受け入れ方をされているターンテーブルだということがわかる。

ようやく欧州にも最新モデルの出荷が受け入れられるようになったのが、ＭＫ５／ＭＫ５Ｇから。そうしたタイミングで２００３年にはシリーズ累計出荷台数が、何と３００万という大台を突破。先に紹介したＳＬ−１２００ＬＴＤと同じように、それを記念してＭＫ５Ｇの限定モデルとして３０００台（国内５００台）だけ発売されたのが、ＳＬ−１２００ＧＬＤである。

【ＳＬ−１２００ＧＬＤ】２００４年販売開始（オープンプライス：9万円前後）
◎トップ・パネルのロゴ・プレートにはシリアル・ナンバーが刻印されているほか、

トーンアームには24金ゴールド・メッキが施され、外部からの振動や部分共振の影響を低減。

ＳＬ-１２００シリーズ進化の歴史については、この辺りでいったん筆をおこう。続いては１９８０年代後半から２０００年代中盤までのＤＪカルチャーを紹介していくことにしたい。

DMCとともに作り上げたスクラッチDJカルチャー

クラブでの圧倒的なシェアを誇るようになり、着実に進化を続けていったSL－1200シリーズだが、クラブ・サイドとは別のアプローチでもDJシーンから支持を集めるようになっていく。それが、DMCとの連帯によるスクラッチDJカルチャーへの貢献だ。

DMCとは、イギリス国営放送のディレクターであったトニー・プリンスによって1983年に設立された団体の名称で、正式には〝Disco Mix Club〟。そのDMCが主催するDJバトルの大会が〝DMCワールド・チャンピオンシップ〟である（以下、DMC）。

そもそもDMCとは何を〝バトル〟するのだろうか。誕生以来、30年の間でいくつものスタイル／ルール変更がなされてきたのだが、最も歴史の長い〝ソロ部門〟で骨格となるのは、2台のターンテーブルと1台のDJミキサーを使用し、予選で3分、決勝で6分のパフォーマンスを披露するというもの。全員のパフォーマンスが終了したあと、複数の審査員が全体の構成や、技の難易度、パフォーマンスのクオリティなどを判断して得点をつけ、その合計得点で順位を決定する。欧米を中心に、各国で開催される予選を勝ち上がった精鋭たちが、年に1回の世界大会という決勝の舞台で争うという仕組みになっている。

このDMCで、長くオフィシャル・スポンサーを務めてきたのがテクニクス。予選はもとより、決勝戦においても2台のSL-1200を使用する。なお、大会規則でDJミキサーも指定されており、1997年から現在までテクニクスSH-EX1200を中心としたSHシリーズが選定されているところからも、大会の運営者はもちろん、出場者たちからの信頼度の高さがうかがい知れるだろう。

そんなDMCの大会は1985年から開催されているのだが、スタートしたばかりのころは音楽的なクオリティを求めるのではなく、パフォーマンスの派手さを競う傾向が強かったという。

しかし、状況が一変したのが、1988年。アメリカ代表として出場したキャッシュ・マネーが大きな爪跡を残す。スクラッチや2枚使いといった基本的なトリックを高次でまとめあげた音楽的なルーティンによって、その後のDMCの方向性を決定づけることになった。

そして、1990年代に入りDMCの影響力は、さらに高まることになる。1992

年から数年間、ソロだけでなく、チームとしての参加も認められた時期が存在するのだが、そのタイミングで今でもスクラッチDJのなかで別格の存在として崇められているQバートが、チーム編成で1992年から3連覇を達成する。なお、最初に優勝した1992年のチーム名義〝ロック・ステディDJs〟というのは、映画『ワイルド・スタイル』の項でも登場したクレイジー・レッグス率いるブレイク・ダンス・チーム〝ロック・ステディ・クルー〟に由来しており、当時のQバートはチームDJを担当していた（その後は〝ドリームチーム〟名義）。

この偉業をもってDMCからの引退を発表したQバートだったが、次なるタームを作り出したのが、翌年の1995年にチャンピオンに輝いたロック・レイダー。ヒップホップ誕生の地であるニューヨーク出身らしい2枚使いをさらに昇華し、ループだけでなく独自のテンポを持ったフレーズまでも作り出す〝ビート・ジャグリング〟と呼ばれる上級スキルを駆使し、スクラッチ＋ビート・ジャグリングという、DMCにおけるルーティンの黄金律を確立することに成功。後に、あのクール・ハークから〝グランドマスター〟という爵位を与えられた。

この時期からDJだけで結成されたグループが注目を集めるようになる。ラップのバックDJではなく、クラブDJでもない。ターンテーブルを楽器と解釈し、多彩なスキルを駆使して音を操る〝ターンテーブリスト〟と呼ばれるDJたちの集団のことである。スクラッチの多重奏によって紡ぎ出されるサウンドは、サンプラー+シーケンサーで作り出されるトラックとは大きく異なっており、〝DJ=レコードを器用に再生する人〟という杓子定規な既成概念を一瞬にして破壊してくれる。

まず注目を集めたのが、Qバート率いるインビジブル・スクラッチ・ピクルズと、ロック・レイダーがオリジナル・メンバーのエクス・キューショナーズ(X-MENから途中改名)。前者はDJショートカット、D-スタイルズなど、後者はロブ・スウィフト、シニスタらが主要メンバーとして知られる。メンバーの出身地がアメリカの西海岸と東海岸という文化的な背景や、高度なスキルに支えられたアンサンブルなど、ターンテーブリスト集団と一括りにするには惜しいほどキャラクターは大きく異なっており、全世界で多くのDJたちを刺激していった。

ほかには、インビジブル・スクラッチ・ピクルズとメンバーが重複するビート・ジャンキーズや、カット・ケミストやヌマークが在籍したジュラシック5などの西海岸勢もシーンを大きく盛り上げた。なお、ビート・ジャンキーズの主要メンバーであるDJバブーが〝ターンテーブリスト〟という名称を使い始めたとされている。先ほど紹介したSL-1200 NIGHTを紹介したTV番組でオンエアされていたDJバブーのコメントがターンテーブリストとは何かを端的に物語っている。ターンテーブリストにとっ

SL-1200 NIGHTで来日したビート・ジャンキーズ。

て、レコードは〝音色〟であり、ターンテーブルは〝楽器〟ということだ。

使い始めて3、4年経ってから、ターンテーブルが楽器だと実感できたんだ。最初はスクラッチを重視してたけど、ビート・ジャンキーズとか他のグループDJを見たりして、徐々にDJというのもバンドだという姿勢になっていったんだ。（中略）オレはドラムをやっているけど、実際の楽器に比べるとスクラッチとドラムに共通点がたくさんあると思う。ターンテーブルの素晴らしい点は流しているレコードによって音色を変えられることなんだ。だからターンテーブルは未来のある楽器だと思うよ。

物語の筋をDMCに戻そう。1997年にはA-トラックというカナダ出身の新星が、初出場ながら15歳という若さで優勝を飾ることになる。そして、1998年に20歳でチャンピオンの座をつかみ取ると、それから2度の難関をくぐり抜けて個人で3連覇という偉業を成し遂げたのが、アメリカ出身のクレイズ。ヒップホップにベース・ミュージックを織り交ぜ、さらに他者の追随を許さぬスピードとキレを併せ持ったルーティンで一時代を築き上げることに成功した。

このように回を重ねるごとに新たなスターが誕生するという、あたかもあらかじめシナリオが作られていたかのような奇跡的な展開もあって、DMCは全世界的に注目を集めることになっていった。

では、国内のバトルDJシーンはどうだったのか。1980年代中ごろからDJ大会は開催されていたのだが、まだまだ小規模なものであった。しかし、SL-1200MK3が発売された1989年になるとDMC JAPANが設立され、翌1990年からは国内予選が行なわれるようになった。

当初、国内でバトルDJシーンはマイナーな存在で、絶対的な情報量の不足といった面もあって、特に欧米との技術的な面での格差は否めなかったという。それでも、1991年にはGM YOSHIが世界3位、1992年にはDJ TASHIが世界5位に輝くなど、徐々に国内のシーンも底上げされていった。運営上の問題から1993年から3年間は国内予選が休止されていたのだが、SL-1200シリーズの累計販売台数が200万台を突破した翌年の1996年にDMC JAPANが復活することになった。

当時の状況について、前項に登場してもらったテクニクスの今井は「日本は随分と出遅れましたよね」と振り返る。

「DMCの本国であるイギリスの松下電器の現地法人が主導するかたちで最初期からサ

ポートしていたのですが、国内で注目を集めるようになったのには、ラップ・ミュージックがメジャーになったことと大きく関係があると思います。DMCの国内大会が復活した1990年代後半に、TV番組『笑っていいとも！』からDJを紹介してほしいという連絡があったり。そのときにGM YOSHIに出てもらったのは、ハッキリと覚えています」

一般的な音楽リスナーにまで日本語ラップの存在を知らしめた小沢健二&スチャダラパー「今夜はブギーバック」、EAST END×YURI「DA・YO・NE」がリリースされたのが1994年。ECDの提唱によって国内のアンダーグラウンドで活躍する猛者たちが日比谷野外音楽堂に集結したヒップホップ・イベント〝さんピンCAMP〟の開催が1996年。これらの情報から、そのころ勃興しつつあったラップ・ブームの時代背景をイメージできるのではないだろうか。

DMC JAPANの復活からは、1997年／1998年にDJ AKAKABEが2年連続で世界4位に輝き、着実にバトルDJシーンの強豪国としての階段を上っていくことになる。

そして、さらなるブレイクスルーが訪れたのが、SL-1200MK5のリリース年でもある2002年。DMCの本拠地であるロンドンで開催された世界大会において、

2位以下に大きな差をつけて歴代最高得点でDJ KENTAROが優勝を果たしたのだ。そのとき20歳。まさに、世界レベルで賞賛される才能の登場である。

ここからは、DJ KENTAROの発言をもとに世界一に輝くまでの決して平坦ではなかった道筋を紹介していこう。

「初めてDJバトルをテレビ番組で見たのが、中学1年のとき。1994年のことです。北海道かどこかでやっている国内の大会でしたね。それを見て、ターンテーブルが欲しいな、やってみたいなと思って。それで、中学2年のときに1年間、新聞配達のバイトをして、SL-1200MK3を買ったんです。中学生だったこともあって、できるバイトがそれくらいしかなかったので」

それが1995年の春のこと。それまでは「普通の音楽好きだった」という。

「実家が仙台なのでスノボーやスケボーをやりつつ、オフスプリングやNOFXあたりのメロコアなどが好きでした。そのうちラップとロックのミクスチャーも、ビースティー・ボーイズなどで知ったり。ラップは兄貴がプレゼントしてくれたシュガーヒル・ギャング〈Rapper's Delight〉が入ったCDが最初でした」

なお、SL-1200MK3×2台とセットで購入したDJミキサーは、2チャンネルのコンパクトな入門機として知られていたオーディオ・テクニカのAT-MX33G

だったという。

「DJ自体に興味を持ったのは、テレビで見たバトルだったんですが、当時のDJの人たちのファッションってスケーターっぽい感じだったじゃないですか。自分が好きなファッションの人たちが音楽をやっている……それまでにも雑誌などでDJという存在は知っていたけど、それを〝動き〟で見て、やってみたいなと思ったんです。ヒップホップのロー・ビートと、スクラッチのノイジーな音に触れて、漠然とDJをやりたいって」

ターンテーブルを入手し、最初にプレイしたというのが、メソッド・マン&レッドマン「How High」。デフ・ジャム・レーベルの設立10周年を記念して制作された映画『THE SHOW』のサウンドトラック提供曲だ。

「ちょうど新譜としてリリースされたばかりのときに、レコード屋で店員さんに薦められて買いました。ヒップホップは2枚買いするものだと思っていて、同じものを2枚買って。それが初めて買った12インチですね」

当時、周囲にはハウス系DJが多く、高校1年のときに初めて仙台のクラブでプレイした際も、ハウスをかけていたという。

「そのうち、兄貴の同級生で、後にGAGLEを組むDJ Mu-Rさんに出会うんです。

それで、Mu-Rさんにレコードを教えてもらうようになるんですが、偶然かかってきたDJミツ・ザ・ビーツさんからの電話を替わってもらって話をしたのが、ミツさんとの出会いですね」

当時、仙台の高校生の間では昼間に開催するパーティ、通称〝昼パー〟が流行していたこともあり、DJ KENTAROも友人たちとパーティを主催するようになる。そんな日々のなかで目にしたのが、DMCのフライヤーだった。

「スクラッチはSL-1200MK3を買ったときからずっとやっていたけど、大会を意識するようになったのは、15歳のころ。そのころにはミツさんの家にも通わせてもらうようになっていました。かぶりつくようにしてビデオ・カメラで手元を撮影しながら、スクラッチの技を吸収させてもらいました。だから、Mu-Rさんとミツさんが僕の師匠にあたる感じですね。それで、16歳のときに仙台であったDMCの東北大会に初めて出場したんです。それが1998年」

そのためにDMCのオフィシャル・ミキサーであった、テクニクスのSH-DJ1200を新たに導入。気になる結果は「予選敗退。軽い気持ちで最初はどんなもんかなと出てみたら、全然ダメでした」とのこと。

「何年も東北代表になっているような常連の人たちのプレイを見ただけで、これは無理だとわかるくらいのレベルだったので」

この大会出場が契機となり、DJ KENTAROは運命の映像と出会うことになる。1998年からDMCで3連覇することになるクレイズのルーティンだ。

「それまでは軽い気持ちだったんですが、DMCのビデオを見たら、すごくレベルが高くて。なかでも衝撃的だったのが、1998年のクレイズ。詳しく言うと、USファイナルのルーティンです。細かい部分ですが、WORLDファイナルよりも、USファイナルのほうがミスも少なくて、パフォーマンスもオーバー・アクションというか、ノリノリなんですよ。それにすごく影響を受けて、1日に8時間とか9時間、ずっと夜通しSL-1200MK3の前に立って練習するようになったんです。部活もやっていなかったし、高校の授業中は寝て、学校の帰りにレコード屋に寄って、弁当代を削ったお金で新譜を買って、夜はひたすら練習という毎日の繰り返しでしたね。新譜の情報はレコード屋で仕入れつつ、スクラッチの情報はVHSビデオでチェックしていました。DMC JAPANファイナル、WORLDファイナルのビデオとか、あとはDJショートカットがジャグリングを教えているビデオとか……それこそ何度も何度も、擦り切れるくらいまで見ましたね」

続いて出場した1999年のDMC東北大会も予選敗退だったそうなのだが、たしかな手応えをつかんだという。

「2年目になる1999年の東北大会は、すごく気合いを入れて準備したんですけど、それでも予選を突破できなくて。それが悔しくて、もっと頑張るようになって出たのが2000年。その年は、北海道／東北大会だったんですが、準優勝できたんです」

そこには大きなステップがあったという。DJ KENTAROのルーティンを語るときに欠かせない曲との出会いである。

「チャーリー・バルティモア〈Everybody Wanna Know〉というDJプレミアのプロデュース曲のジャグリングが受けたのは大きかった。それで、ほかの大会にも積極的に参加するようになって。そうすると、全国に仲の良いバトルDJができたりして、交友関係が一気に拡がりましたね」

別の国内大会での優勝という勢いそのままに臨んだ2001年のDMC JAPANファイナルでは、念願の日本一に輝くことになる。このときのルーティンで大きな話題となったのが、通常のレコード再生ではまったく考えられないターンテーブリストならではの発想である。

詳しく説明すると、レコードのセンターホール付近から細長いシールを外周にまで放射線状に貼り、意図的に針飛びを作り出すことでノイジーなフレーズを作り出すというもの。レコード盤面にピザやケーキをカットするときのようにシールを貼ると説明すればわかりやすいだろうか。そういったレコードを使用したプレイは、ターンテーブリストの間では、通称〝ジャーシャカ〟と呼ばれている。

「次の年はディフェンディング・チャンピオンということで、いきなりJAPANファイナルに出られたんですが、無事に日本チャンピオンになって、さらにロンドンのWORLDファイナルで、ついに世界チャンピオンになったんです」

この2002年のルーティンで一番際立っているのは、スキルと音楽性の共存。BPMはもちろん、音楽ジャンルの壁さえをもターンテーブリストとしてのスキルで軽々と打ち破り、6分間のなかにDJ KENTAROでしか作り出せないクリエイティビティをしっかりと詰め込んでいる。そして、この大会をDMCのなかでも特別なものとしているのが、その得点差。全15名の審査員のうち1名を除いて、すべて大差をつけ、史上最高得点でDJ KENTAROを選出したのだ。さらに、欧米以外で初の世界チャンピオンとなったことも見逃せない。DJ KENTAROの音楽性を端的に言い表わした〝No Wall Between The Music〟という言葉で締めくくられたルーティンは、まさに集大成と呼べる完成度を誇る。

「世界チャンピオンになって、賞品としてゴールド仕様のテクニクス SL-1200がもらえたんですが、それは一生の宝物です。DMCで優勝したことによって、ニンジャ・チューンのようなレーベルと契約ができてアーティスト活動も始められたり、

SL-1200MK3を手に入れたばかりの中学生時代。

“ジャーシャカ”と呼ばれるテクニックのためにマーキングされたレコード（撮影：小原啓樹）。

優勝した2002年DMC WORLDファイナル。

ＤＪとしてコーチェラのような海外のフェスにも呼んでもらえるようになったり……そういえば、クレイズが自宅に遊びに来てくれたこともありましたね。あのときＳＬ-１２００ＭＫ３を買っていなかったら、ＤＭＣに出ていなかったら、今ごろ何をやっていたんだろうって感じです。世界中どこの現場に呼ばれてもＳＬ-１２００はあるので、現場で大変な思いをしたことはありません。ＭＫ２からＭＫ６まで、どのモデルでもトルク感も変わらないし、安心のテクニクス（笑）。これは相性もあるのかもしれませんが、個人的に針飛びのしづらさもＳＬ-１２００シリーズが一番だと思っています」

ＤＪ ＫＥＮＴＡＲＯが満を持してニンジャ・チューンから初のオリジナル・アルバム『Enter』をリリースしたのは２００７年なのだが、収録曲「One Hand Blizzard」は、大晦日の新聞配達中に転倒した思い出を曲にしたものだという。ＳＬ-１２００によって後に世界に名を知らしめるＤＪの14歳のころの追憶である。

レコード・バブルの震源地、渋谷・宇田川町

トップDJだけがSL‐1200シリーズを支えてきたわけではない。そんな思いを強くするのが、レコード・ショップに足を運んだときだ。有名チェーン店はもちろん、長年にわたって堅実に営業を続けてきている個人店においても、試聴用のターンテーブルとして最もシェアが高いのが、SL‐1200シリーズであることに異論はないだろう。あるいは、ジャンルによって程度の差はあれ、レコードを購入している人たちのなかには、DJカルチャーと無縁でも、ただ単にSL‐1200シリーズで試聴し、購入したレコードを自宅のSL‐1200シリーズで鑑賞するという、何気ないSL‐1200シリーズとの接し方をしている人も多いはず。

ここからは、全世界で最もレコード店が密集している街として知られた渋谷・宇田川町を拠点に1990年代のレコード・バブル期をサバイブしてきたDJの須永辰緒と、Face Recordsの武井進一に話を聞いていこう。

渋谷・宇田川町の人気クラブ、オルガン・バーで1995年のオープン時から7年の

間にわたってプロデューサーを務めていた須永。その〝オルガン・バー期〟の前段階で彼がレコード・ショップの運営に携わっていたことをご存知だろうか。

「今は1階／2階にHMVが入っているノア渋谷ビル内にあったレコード・ショップで働いていた時期があるんです」と須永が語り始めた。

「主にダンス・クラシックを扱っているレコード屋で、アメリカで1ドルで買い付けて来たような12インチの定番曲が、クリーニングしてちょっとコメントを書くだけで、2～3千円ですぐに売れた時代ですね。それが1994年くらいになるのかな。いい時代でしたよ」

「僕が横浜のレコード屋を辞めて、自宅でレコードの通信販売を始めたのと同時期くらいですね」と武井が続ける。

実は、須永と武井は同じ栃木県出身ということもあり、すでに東京でDJ DOC HOLIDAYとして活躍していた須永を、後輩にあたる武井が一方的に以前から知っていたという関係であった。

「ある日、通販で〝須永と言いますが〟といった感じで電話がきたことがあって。そのときに、後輩だということを伝えて挨拶させてもらったのが、その後につながっています。僕は栃木の一兵卒なので（笑）」

ほどなくして1996年には武井が、宇田川町の奥まったところに念願の路面店をオープンすることになった（その後、2回移転）。そのときに意識したというのが、マンハッタン・レコードの宇田川町への移転情報。それまで渋谷警察署の裏にあったマンハッタンが、移転するらしいという噂を知ったことがきっかけだったという。

「すでにシスコはあったたし、DMRもあって。そこにマンハッタンが来るなら宇田川町しかないなと。当時のマンハッタンはプレスティッジ・レーベルのジャズ・ファンク系の再発レコードを出した時期だったことなどもあって、勢いがすごかったんです。同業者の情報は早めに回ってくるんですが、そのときに割とすぐ店舗物件が見つかったのは、辰緒さんの紹介があったからですね。リアル店舗を始めるにあたって、最初から思っていたのは、とにかくDJの人に買いに来てもらえるようにしたかったということ。当時、買い付けで行ったイギリスで出会ったバイヤーがすごくて。レコード棚の什器などもオシャレだったし、レア盤もたくさん持っていて、しかもジャイルス・ピーターソンやパトリック・フォージなどからも、よく電話がかかってくるような人だったんです。自分もそういった客層に喜んでもらえるような店にしたいなと思っていました」

FaceRecordsの店舗にはテクニクスSL-1200シリーズのターンテーブルがセットされ、〝待っている人がいなければ試聴は何枚でもOK〟というスタイルで営業をスタート。USだけでなく、ヨーロッパ買い付けによるファンクや、特にスウェーデンのレア音源など、他店に先んじた商品ラインナップですぐに話題となった。その結果、須永に加え、数多くの人気ＤＪたち、そしてトップ・コレクターたちが足しげく通うようになる。

オープン前後は「辰緒さんが最重要顧客。生活費の半分は面倒をみてもらっていた感じです」と武井は笑いながら語る。

「そうだったとしたら、これからの生活費の半分は頼んだ（笑）。人生の原価回収に入らないといけないので」と即座に応じる須永。この発言に続いて、武井に対して恩義を感じていたという部分を語ってくれた。

「実は、オルガン・バーが注目される大きな契機になったミックス・テープ『Organ Bar Suite』シリーズの初期作は、半分くらいが武井のところで買わせてもらったレコードだったりするんですよ。やっぱり、ＤＪに理解のあるレコード屋からの情報って大きいんです。というか、それが一番と言えるくらいですね」

１９９６年にリリースされた『Organ Bar Suite No.1』は、須永のプレイするオルガン・バーの常連だったレコード店のスタッフによる気軽な打診から実現したものだ。しかし、実際にリリースされると、ジャンルを横断した選曲の素晴らしさや、収録曲の入手の難易度などによって、まずは宇田川町にレコードを買いに来る情報通から即座に注目を集めることになった。１９９０年代後半の国内ＤＪによるミックス・テープ人気の先鞭をつけたマイルストーンである。

「トータルで8千本は売れたんですが、そのせいでオルガン・バーが一躍人気クラブになってしまって……。もちろん、それを狙って作ったわけですが、えらいことになりましたね（笑）」と須永が冗談交じりに語る以上の大反響を生んだ。

「ミックス・テープでは須永さんが出した『Organ Bar Suite』と、同時期にMUROさんが出した『DIGGIN' ICE』の反響は、レコード屋としてもすごくありがたかったです。特に『DIGGIN' ICE』には低価格で買えるようなアイテムも収録されていたこともあって、海外で買い付けるときの掘り出し物が一気に増えたんです」

この発言を受けて、武井に1990年代後半の客層について尋ねてみたところ、「DJという存在は、すごく大きかった」と即答。

「本当にミックス・テープの影響はすさまじかったんです。DJを実際にやっていなくても、〝DJに憧れている〟層が確実に多かったはずです。新譜のレコードについても、学ランを着たような高校生がよく買いに来ていたのを見たし。ちょっと話を聞いたら、学園祭でDJをやると言っていましたね。今のレコード・ブームに関しても思うのですが、レコードを買うようになって、ある程度集まってくるとDJをやりたくなるじゃないですか。自分自身がそうだったし、それこそ若いころに月賦でSL-1200MK2を買いましたからね。当時はロック系DJに憧れていたこともあって、あまりミックスの練習はしなくていいだろうという判断と、予算の兼ね合いもあって、１台だけでしたが（笑）」

１９９０年代の宇田川町といえばＤＪたちもレコード店へ頻繁に顔を出していたのはもちろん、レコード店のスタッフが人気ＤＪ／トラック・メイカーになるといった事例も多く、良い循環が生まれていた。

隆盛を誇った宇田川町のレコード・ショップだが、そこに大きな波が訪れたのは２０００年代初頭のころ。１９９０年代後半から一気に店舗数も売り場面積も増加していた新譜を取り扱うショップを中心に、淘汰が始まったのである。

「これまで話してきたのはダンス・ミュージック目線でのレコード屋の話ですが、もともとロック系も盛り上がっていたんですよ」と須永が述懐する。

「ミックス・テープが流行した時期よりも前からあった、とある新譜を扱っている店のレコード袋を持って歩いているだけでオシャレなんていう感覚は、いつまでも続かないとは思っていました。いろんな偶然が重なって、仕掛け人が不在で始まったことですから」

武井も市場という面でわかりやすく解説してくれた。

「大きな景気変動の時期って、レコードみたいなマニアックな分野にも実は影響があるんだなって、あらためて思います。これはＦａｃｅ Ｒｅｃｏｒｄｓの経営者としての大まかなイメージなんですが、オープンから１９９９年くらいまでが良くて、２００１年の同時多発テロで一気に売り上げが落ちたんです。その後、２００５年くらいには７インチやボッサ・ビートのブームもあって少し持ち直したんですが、２００８年のリーマン・ショックでダウンして、２０１１年の東日本大震災の直後が底辺だったイメージ。当時は閉店することも本気で考えていたのですが、一念発起の思いで移転したのが、通称〝シスコ坂〟にある現在の店舗になります。その後はｅＢａｙで日本盤を積極的に売り始めたことや、レコード・ストア・デイなどの好影響もあって、徐々に上向いていった感じですね」

「レコード屋もＤＪも時代によっていろいろあるのは同じ」と須永も語る。

「根が天の邪鬼なので、レコード不況みたいなことを言われると逆に発憤するタイプなんですが、次々とレコード屋がクローズしていくのは、正直、さみしい部分はありましたね。ただし、デジタルＤＪが増えたのともリンクする、レコード離れみたいなところについては、アナログ・ターンテーブルが動いている間は何とかなると勝手に思っていました。だって、ＳＬ-１２００って僕らがメーカーの売り上げを心配してしまうほど、とにかく壊れないじゃないですか。自宅で今使っているＳＬ-１２００ＭＫ３だって、もうすぐ30年選手のはず。とは言ってみたものの、２０１４年にＨＭＶレコードショッ

2005年ごろのFace Records店内（撮影：八島崇）。

プができたように、大手資本が宇田川町に再び目を向けてくれたのって、ずっとレコードでやってきた人間にとっては背中を押してもらったような気分はありましたね」

武井が手がけるＦａｃｅ Ｒｅｃｏｒｄｓは、宇田川町の店舗に加え、２０１６年には下北沢に系列店のＧＥＮＥＲＡＬ ＲＥＣＯＲＤ ＳＴＯＲＥを展開。さらに２０１８年からはニューヨークにも出店するなど業務を拡大している。買い取り部門を合わせてスタッフの総計は数十人に上るそうなのだが、彼らのＤＪに対する意識や、アナログ・ターンテーブルについても聞いた。

「スタッフの平均年齢は25歳くらいです。７〜８割はＤＪをやっていますね。もとからレコードを買っていた人だけじゃなく、最近は入社志望がレコードに興味があってこれから買いたいので、という人も多いですね。最初のレコード・プレーヤーはポータブル型のような手軽なものでもいいと思います。でも、レコードの枚数が集まっていけば、その先にはすぐにＤＪやＳＬ-１２００シリーズが待っていますから（笑）」

この取材の帰り道で立ち寄った別のレコード店でも、塗装が随分と剥がれながらも、まだ現役でバリバリと稼働しているＳＬ-１２００ＭＫ３が試聴機として置いてあったことを追記しておこう。

試聴機ギャラリー

せっかくレコードを買うのなら、失敗はしたくないもの。そんなときの強い味方がレコード／CDの試聴機です。その仕様もショップによってさまざま。最近はレコードショップでの試聴も随分と気軽にできるようになりました。初めてのお店でも、気後れせずにガンガン試聴しましょう！　ただしマナーは守ってね！

Photo：Takashi Yashima, Taisuke Ota, Hiroki Obara, Hiroshi Takaoka

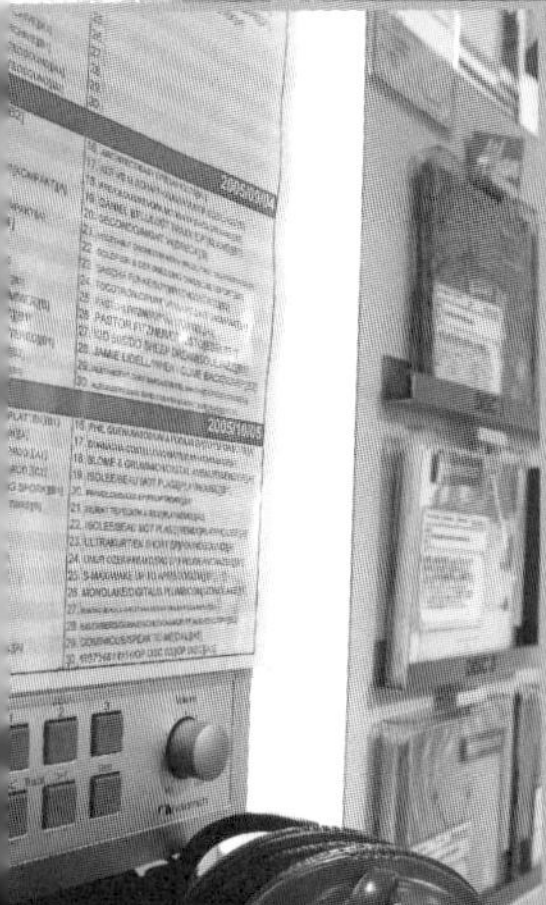

『GROOVE』2005 AUTUMN（リットーミュージック刊）に掲載された“試聴機ギャラリー”。
ほぼすべてのターンテーブルがSL-1200である。

DJ変革期、そして生産終了

2000年代以降、DJを巡る環境も大きく変化していく。デジタル系ターンテーブルのシェア拡大はもちろん、PCとアナログ・ターンテーブルを組み合わせて使用するセラートのScratch Liveやネイティヴ・インストゥルメンツのTraktor Scratchなどのデジタル・ヴァイナル・システム、通称〝DVS〟の登場によってシーンが変革期を迎えたのだ。

そんななか、〝伝説続く〟というキャッチ・コピーを背負って2008年に登場したのが、MK6である。

【SL-1200MK6】2008年販売開始（オープンプライス：8万円前後）

◎±8%の連続可変式ピッチ・コントローラーに回路を追加し、精度を向上。
◎新たな共振対策での音質向上。
◎スタイラス・イルミネーターにMK5Gと同等の青色LEDを採用。
◎トーンアーム内部の芯線材料にMK5Gと同等のOFC（無酸素銅線）を採用。

◎ボディ・カラーはブラック（-K）とシルバー（-S）をラインナップ。
◎MK6の発売に先行し、2007年に1000台限定のブラック・モデルとなるSL-1200MK6K1を発売（仕様はMK6と同等だが、額装入りのゴールド・ディスクや35周年記念ブックレットを同梱）。

これまでにも精査し尽くされた感のあったSL-1200シリーズだが、開発陣の弛まぬ努力でMK6においても、まだ伸びしろがあるところを見せつけてくれた。しかし、本書を読んでいる方であれば、ご存知の人も多いのかもしれない。2010年10月にテクニクスからSL-1200MK6生産完了のアナウンスが発せられた。

生産完了までの流れのなかには、販売台数の減少という要素も少なからずあったそうなのだが、「全社的にパナソニックというブランドに統一するというのが一番の大きな流れ」であったと先に登場してもらった今井は語る。

「8年くらい前から、ナショナルというブランドの廃止ということをやってきて、経営層としては心苦しいけれど、大きな決断をしたということだと思います」

続けて「ただただ残念」と当時の思いを上松が語る。

「生産完了を発表し、いろんな声をいただいたんですが、特に印象深かったのが、OTAIRECORDさんがWebサイトで立ち上げてくれた〝大好きなSL-1200への最後の手紙〟という企画です。皆さんがワーッと文章を書き込んでくれたのですが、プリントアウトしたら、すごい枚数になって。実際に読む前は、もっと怒られるのかと思っていたんですが、〝今までありがとうございました〟〝いつか戻ってきてください〟という内容が圧倒的に多くて……。逆に、〝やっちまったな〟という感じがしましたね」

ここで本書のパート1でSL-1200の誕生からMK2に至る流れを詳しく解説してくれた小幡にまつわるエピソードを紹介したい。MK6の生産完了が決定したころ、雑誌の取材で上松が小幡と同席したときの会話である。

「小幡さんにSL-1200シリーズが生産完了になることを伝えると、冗談で〝君がMK6を買い占めておけ〟と言われました。〝絶対に値段が高騰するから〟と。私は〝買い占めたいのですが、その資金がありません〟と答え、小幡に笑われました」

MK2開発の責任者から、MK6のプロモーション担当にまで連綿と続く、製品に対しての絶対的な自信。それがしかと垣間見られる逸話である。

そして、ここで思い出してほしいのがMK6のキャッチ・コピーだ。〝伝説続く〟。

伝説続く。
Technics
Technics Quartz
Direct Drive Turntable System SL-1200MK6
pitch adj.
reset
start・stop
SL-1200MK6
panasonic.jp/technics/

大好きなSL-1200への最後の手紙

-It is the last letter in "Technics" loved-

ありがとう。

※掲載順は不動となります。

※最初は見本の意味でスタッフが記載しておきます。

※文章は必ず掲載されるわけではありませんのでご了承ください。

---

name:OTAIRECORDようすけ管理人

今までありがとう！！良い意味でも悪い意味でもあなたに振り回され続けました(笑)。

これからは新しいモデルは出ないかもしれないけど、最強のターンテーブルには変わらないので、頑張ってサポートしていきます！！

SL－1200というレコードプレーヤーは単なる機械かもしれない。

だけど、これほどまでにみんなの思いが詰まったプロダクトというのは、私はあまり見たことがありません。

SL－1200は電子機器としての利便性を提供したにとどまらず一つのカルチャーを作り出した、稀有な存在なのだと思います。

私は、SL－1200を通してとっても多くのことを教わりました。

多くの人と出会い、多くの感動をして、そして、OTAIRECORDが産まれました。

だから、自分にとっては、もう神様みたいな存在なのです。タンテ好きのすべての皆様に。本当にありがとう！

そしてこれからも一緒にタンテを楽しみましょう！

---

name:OTAIRECORDあっち

SL1200。

その名称を知らずとも凛としたあのフォルムはクラブキッズであれば一度は目にしたことがあるのではないでしょうか。

クラブカルチャーの象徴とも言えるSL1200はクラブに行くことのできなかった学生時代から夢の詰まった機器でした。

長い間アイコンとして活躍したこのターンテーブル。フロアで同じ空間を共有できたことを僕は誇りに思います。今まで本当にありがとう。

---

name:OTAIRECORDじゃっく

拝啓、テクニクス様。


オタレコもずいぶんお世話になりました。

今でもテクニクスが消えるなんて信じられません。夢を見ているみたいです。

ところで、僕がここオタレコで働いている理由を知っているでしょうか？

それは、ずばり大好きなDJ機材を売っている会社で、大好きなDJ機材を売ったお金で、大好きなDJ機材を買うためだったんですよ。

え？何が欲しいのかって？

そんな野暮な質問はしないでくださいよ。


OTAIRECORDのサイトに掲載された「大好きなSL-1200への最後の手紙」は、現在もhttps://www.otaiweb.com/sl1200/sl1200.htmlで閲覧することができる。

PART 4

伝説の続き

テクニクス・ブランドの復活

パート3の末尾で紹介したMK6のキャッチ・コピー。どのように〝伝説続く〟のか。ここからは時系列に沿って紹介していきたい。

時は2014年3月25日。場所は、大阪府門真市にあるパナソニック本社の、とある本部長室。女性幹部が、こう告げられたという。

「異動です。異動先はホームエンターテインメント事業部、オーディオ成長戦略担当理事で、主な仕事はテクニクス・ブランドの立ち上げです」

その女性幹部とは、小川理子（1986年入社）。現在は、パナソニック株式会社の執行役員であり、同社の主に家電部門を統括するアプライアンス社の副社長／技術担当（兼）技術本部長、そして〝テクニクス事業推進室長〟を担当する本項のキー・パーソンである。

先の内示を経て、2日後の3月27日。社長の津賀一宏によって事業方針発表が行なわれた。まずは社員に向けて、続いて投資家やメディアに向け、4月以降のパナソニック全社の方針が語られることになる。小川自身が執筆した手記をまとめた書籍『音の記憶 技術と心をつなげる』(2017年/文藝春秋刊)には、次の津賀社長からの言葉を含め、その経緯が記されている。

今後の家電事業の目指す方向として〝機能を重視〟したこれまでの商品づくりから、お客様の体験、感動を基点にした〝感性重視〟型の商品づくりへフォーカスし、新たな家電群を創出してまいります。〝感性重視〟型商品づくりの具体的な取り組みとして、欧州で〝テクニクス・ブランドの復活〟を行います。テクニクスでは〝原音再生〟へのこだわりと〝豊かな空間表現〟の実現を基本思想に、最先端デジタル技術で〝音による感動〟を実現していきます。

先の内示および、事業方針発表に先立つかたちで、オーディオ技術者たちの自発的な取り組みがあったという。2012年ごろからインターネット環境の進化にともなって高品質のハイレゾリューション音源、いわゆるハイレゾ音源が注目を集めるようになっていたのだ。そうした時代背景もあり、パナソニック・ブランドでハイレゾ音源を再生できるマイクロ・コンポの開発が進んでいたのである。

パナソニックの強みは、多方向な商品展開を行なっているところ。ブルーレイディスク・プレーヤーを市場に投入していくなかで、ハイレゾ音源データを高音質で再生する技術も開発されていたのだ。さらに、同社は有望なデジタル・アンプの技術も持ち合わせていたという。これらをマッチングさせることでマイクロ・コンポを商品ラインナップに加えるという方策である。そんなときに〝音響〟という分野において、確たるブランド・バリューを持っているテクニクス・ブランドが再び舞台に上がることになったわけだ。

実は、2013年8月にテクニクスの復活に向けた正式なプロジェクトが社内で立ち上がっていた。プロジェクトの技術リーダーは井谷哲也（1980年入社）。先述の〝技術者たちの自発的な取り組み〟を主導していた人物でもある。小川はパート1で登場していただいた小幡の直系の部下だった時代があり、井谷も間接的にだが小幡からの薫陶を受けた人物。その2人が中心となって、テクニクス・ブランドに再び携わることになった。

井谷を技術リーダーとして据えたプロジェクトに2014年5月にはトップとして小川が加わり、テクニクス・ブランドの復活への陣容は固まっていく。その内訳は、井谷をはじめとしたオーディオ技術者たち、これまでにテクニクスに携わった経験者でテレビやデジタル・レコーダー、カー・オーディオなどの各部署で音響に関わっていた技術者たち、さらには社内公募で自ら手を上げた音楽好きの若手、総勢50名ほどのエンジニアが集結。さらに、デザイナーや商品企画、マーケティングのメンバーなどが加わっていった。パート3で登場いただいたテクニクス推進係の上松もその1人である。上松が当時の様子を述懐する。

「社長から事業方針の発表があって、テクニクス・ブランドの復活という発言があったときには、社員のなかでもどよめきが起きましたね。最初は何から手を付けていいのかわからないような状態からのスタートでした。実は、ブランド復活の前に大きなファイン・プレーがあったんですよ。2008年のパナソニック・ブランドへの統一にともなって、テクニクス・ブランドもパナソニック・ブランドに変更するという動きがあったのですが、これまでブランドを愛していただいたユーザーのためにも、SL-1200シリーズにはテクニクスを冠するべきだとマーケティング部門として強く主張し、本社管轄から事業部帰属のサブ・ブランドとして名前を残してもらったんです。弊社で言うと、ビエラやルミックス、ディーガなどと同列ですね」

このような命運を経て復活したテクニクス・ブランドだが、当初の目標として考えられたのが、2014年9月にドイツのベルリンで開催される欧州市場最大の国際コンシューマー・エレクトロニクス展〝IFA 2014〟での試作機の発表である。

そのラインナップは、〝リファレンス・クラス〟のR1シリーズと、〝プレミアム・クラス〟のC700シリーズにカテゴライズされていたという。R1シリーズは、フロア型スピーカーとネットワーク・オーディオ・プレーヤー、パワー・アンプというシステムになっており、C700シリーズはアンプ／プレーヤー／スピーカーを取りそろえたハイレゾ音源対応のコンポという構成だ。

さしあたっての試作機の完成までの開発期間は、驚くことに約3ヵ月。当初はC700シリーズを主軸にした開発だったそうなのだが、テクニクスの復活にあたり、ハイエンドの製品であるR1シリーズをブランドの核として据えるために、スタッフの配置などにも大幅に手が加えられたという。さらにその間には、R1シリーズのスピーカーの低域用ユニットを自社製に変更するといった、大幅な方針転換なども決断されたというのだ。

自発的な取り組みから、チームとして大規模な予算をかけた開発へとステップ・アップしたことによって、進捗スピードは格段にアップ。試作機の完成が近づいたころには試聴室を開発チームで陣取り、さながら体育会系の合宿状態であったという。

これらの期間において、開発チームにとっての最難関となったのが、小川による製品チェックであった。開発チームで言うところの〝音決裁〟である。試作機を前に小川と技術者たちが着座して、さまざまな曲を再生していく。いつもは7～8名、多いときで15名ほどが集まって試聴を行ない、小川がジャッジメントを下すのである。

この〝音決裁〟にかける決意について、小川は「やはり音の製品ですから、音だけは絶対にごまかしがきかない」と語っている。

「技術者たちが〝これでいい〟と思っても、その上が絶対にあるんです。これは芸術の再現なので。〝これでいい〟と思ったら、そこで止まってしまうわけです。それを引き上げていくのは、トップでないとできない仕事です。試作機の試聴においては、現場のチーム・リーダーや部長なども常日ごろから〝評価〟をしていっているわけですが、最終的にお客様の手に渡る際に、〝これが価値なんですよ〟というものを提示しないといけない。しかし、その〝価値〟というのは、数字には現われません。この数字まで達していれば良いというのであれば、全員がわかることですが、こと音質に関しては、〝ここでいい〟というのは、トップが決めないと決まらないものなんです。それは強く思いましたし、厳しく伝えましたね」

このときに生きたのが、ジャズ・ピアニストとしてCDもリリースしている小川のシビアな耳だ。上司と部下という垣根を越え、メンバー全員で〝価値〟を高めていく切磋琢磨を経て、9月の〝IFA 2014〟で発表するR1シリーズとC700シリーズの試作機を完成させることができた。

テクニクスの復活を全世界に向けて高らかに告げるプレス・カンファレンスの会場で掲げられたのが、次のブランド・メッセージである。

〝Rediscover Music / Technics〟

このメッセージには、小川自身の強い思いが込められていると、手記『音の記憶～』にも綴られている。

誰にでも、幼い頃、青春時代、音楽に感動した瞬間があるはずだ。その感動が原動力となり、生きる力が湧き上がる。人生を左右することもある。そんな感動を大人になって忘れてはいないか、音楽の感動を再発見できる可能性が私たちにはある、さあ、もう一度、音楽との出会いを。自分自身をも振り返って反省しつつ、そういう気持ちを込めている。

こうして、ついにR1シリーズ、C700が披露された。来場者はもとより、社内関係者からも大きな拍手が起こったという。

2015年2月に発売されたのは、次のラインナップである。

◎R1シリーズ

【SB-R1】3・5ウェイ6ユニット・スピーカー

【SE-R1】ステレオ・パワー・アンプ
【SU-R1】ネットワーク・オーディオ・コントロール・プレーヤー

◎C700シリーズ
【SB-C700】2ウェイ・ユニット・スピーカー
【SU-C700】ステレオ・プリメイン・アンプ
【ST-C700】ネットワーク・オーディオ・プレーヤー
【SL-C700】CDプレーヤー(2015年3月発売)

驚くべきことに、R1シリーズは〝リファレンス〟の名にふさわしく、全製品が受注生産となっており、システム総額で定価500万円オーバーというフラッグシップ・システムである。一方、C700シリーズはシステム総額で定価50万円代強となっており、R1シリーズの世界観をコンパクトなシステムで楽しみたい人に向けられたモデルだ。

これらの新製品群はオーディオ関係者の間ではテクニクス・ブランドの復活とともに大きな話題となり、2015年夏に開催された国内最大級のオーディオ・ビジュアル・アワード〝VGP〟では、最新デジタル技術を駆使して開発されたフラッグシップのR1シリーズに対して〝特別大賞〟が、C700シリーズに対して〝開発賞〟が贈られた。

失われた技術の再構築

このように高らかに告げられたテクニクス・ブランドの復活宣言。高品位なデジタル・オーディオがますます発展していくことは確たるものとして予見できるものの、これまでのテクニクスの歴史を知る人であれば、率直な疑問を抱いたのではないだろうか。なぜ、ターンテーブルがラインナップにないのかと。

実は、〝ＩＦＡ ２０１４〟でターンテーブルのリリースを発表しないことについて記者たちからも指摘があるというのは、小川のなかでも織り込み済みであった。実際に〝ＩＦＡ ２０１４〟のブランド復活を発表したあとの質疑応答に際しての想定問答集があったという。

「ターンテーブルの復活はあるか？」という問いに対しての回答は、次のように答えることになっていた。

「それについてはまだまだ検討できていません。市場の声を聞きながら、今後のテクニクスのラインナップは考えていきます」

このことについては、小川の手記にも「官僚答弁をするしかなかった」という苦しい胸の内が正直に吐露されている。

テクニクス・ブランドを語るときに、決して欠くことができない重要なトピック。それが、ダイレクト・ドライブを搭載したターンテーブルであり、そのポテンシャルを全世界に知らしめ新たなカルチャーを生み出したSL-1200シリーズであることに異論の余地はないだろう。

小川自身も「真の意味でテクニクス・ブランドを復活させるには、ターンテーブルを抜きには考えられない」と考えていたという。

「それは確信に近いものがありました。もちろん、技術者がいないということも含めてわかっていたのですが。本当のテクニクス・ブランドというのは、そうであっても製品をしっかりと製造し、もう一度市場に出すことに意義があるとも思っていました。それも、昔と同じことをやるのではなく、この時代に適応し、現在の技術を使って、最高性能、世界一の製品を作るということ。私がチームのみんなに伝えたのは、完成度を高く、品格を高く、世界トップ・クラスで最高性能の製品を出していくということです」

さらに、記者からの質問とは別の伏線もあったという。〝IFA 2014〟の終了からしばらくして、小川を宛先に分厚い国際郵便物が届いたのだ。心当たりのない発送元の住所はイスラエル。その中身は、ターンテーブルの生産再開を要望する嘆願書だったという。イスラエルのＳＬ‐１２００ファンがインターネットで世界中に呼びかけて集まった署名、その数は２万５千名を超えていた。

しかし、小川はもとより、開発を手がけるにも技術者たちが、その難易度を理解している。最終となるＭＫ６の発表から７年の歳月が経ってしまっていた。本当にできるのだろうかというのが、偽らざる気持ちだったであろう。小川も「不安に感じていた」と語る。

「今の現役の技術者のなかで、ターンテーブルを開発していた時期から残っている人は本当に数名しかいませんでしたから。自分たちの少ないリソースでは厳しいだろうと。そのときに頭によぎったのが、いろんなＯＢの方々の顔だったんです。その人たちの力をお借りしようと」

Ｒ１シリーズとＣ７００シリーズが完成間近というタイミングであった２０１４年の終盤、イスラエルから届けられた２万５千名の署名にも後押しされるようなかたちで、ターンテーブルの再生産に向けて、時にはＯＢにも参画してもらいながら本格的な調査がスタートしたという。

ここからはオーディオ技術部の電気設計課の三浦寛（１９７７年入社）と、外装設計課の志波正之（1992年入社）の言葉を交えて話を進めていきたい。

まずは調査の骨子について尋ねると、「要は金型です」と志波が語り始めた。

「弊社は内規に厳格な、要は〝堅い会社〟なので、生産が完了して、ある一定の期間が経過すると金型は廃棄しないといけないんです。SL-1200シリーズでは部品点数が数百点あって、金型が100型以上あったのですが、それらはほぼ廃棄されていました。残っていたのは、サービス・パーツとしてニーズの高いダスト・カバーだけと言っていいくらいでしたね。金型がほぼ全部廃棄されたことがわかって、次に調べたのが図面です。その図面もオリジナルのものは、下手をすると1970年代前半に書かれたものだったりするんです。その図面の一部は手書きで……。最後にMK6を製造していた工場にも出向いて、当時使っていた製造用の什器や生産設備なども見に行ったのですが、ことごとく残骸くらいしか残っていませんでした。そういった状態を確認したのが、スタートでしたね」

次に調査したのは、以前の外部の協力会社についてだったという。その時点ではターンテーブルの再生産に向けて調査しているとロ外できるわけもなく、「OBの方も交えつつ、当時はいろいろありがとうございましたといったように、やんわりと会話を切り出した」と三浦が説明してくれた。

「もちろんレコード・プレーヤーを新しく開発するとしたらどうですか、といった話はできないので、当時使っていた治具などについて、雑談をするような感じで様子を伺っていきました。そのころの担当者が退社されたという話や、レコード・プレーヤー関連の製造をやめてほかの製品に切り替えたといったこと、治具なども廃棄してしまったという状況を淡々と言われた感じです」

治具とは、英語のJIGに漢字をあてた用語で、同一の製品を数多く生産する際に、高い精度で作業を行なうことができるように、部品の位置決めをしたり、固定して作業できるようにする工具のことを指す。現場レベルの担当者同士でしか理解し合えない、会話においても勘所となる部分である。

「朝、出社してアポイントをとって、1日に2〜3社をまわるわけです。1ヵ月くらいずっとそういうことをくり返したわけですが、最初の1週間くらいで状況は厳しいことがわかりました。当時のSL-1200シリーズを復活させるというのは、まず無理です。そのことを報告しないといけないわけです」

善後策と呼べるような妙案はない。とにかく「無理です」と上司に報告するしかなかったという。

「もちろん、状況を聞かれたわけですが、金型もほぼ廃棄で、協力会社の状況も含めて無理ですと伝えたんです。そのときに〝じゃあ、やるためにはどうすればいいの?〟

と切り返されて、〃図面は残っているので、すべてを図面から作り直せばできないわけではない〃と答えたら、〃じゃあやってくれ〃と言われて。しまったと思ったんですが（笑）、図面は保管されていたので、外装担当とも話をしながら、トレーシング・ペーパーに書かれた図面をコンピューターのデータに移管していくわけです。そこから改良を加えるという作業が始まりました」

これらの実現性の検討が完了したのが、2015年2月。実は、この時点ですでに小川は会計上の翌年度4月からの事業計画を会社側に提出し終えていたという。ここでトップにしかできない大きな決断を下す。

手記『音の記憶～』には、小川と当時の社長とのやり取りが次のように書かれている。

「事業計画になりますが、ようやく商品化への見通しが立ちました。ターンテーブルSL-1200の復活。これだけはやらせて欲しい」

「小川さん、やっぱりこういう商品をみんなで作って、テクニクスに携わる社員に誇りを持ってもらわないといけないね」

このように現場を鼓舞するような発言もあり、開発は急ピッチで進展していく。まずはモーター部の製造を請け負ってくれる協力会社の選定であり、仕様決定である。志波はCDからDVD、ブルーレイディスクなどの光学系回転メディアの開発に長らく従事していたこともあり、数多くの知己があったのだ。

「業界内のいろんなメーカーに次から次へと声がけを始めたのですが、だいたい3日後くらいに丁重なお断りをいただきました。というのも、モーターというのは、何十万個という単位から製造がスタートする世界。オーディオという市場を考えると、一桁から下手すると二桁は違います。そんななか、唯一話を聞いてくれたのが、株式会社A&Mだったんです。実は、弊社のなかにもモーターの製造会社が存在していた時代があって、そのナショナル・マイクロ・モーターの当時、技術部長だった方が起業されたベンチャー会社がA&Mなんです」

OBネットワークが渡りに船となったわけである。

「まずは、こちら側の仕様面のイメージを伝えたところ、やってみましょうと言ってもらえたのが5月でしたね。そこで、ようやく昔のモーターのデッド・コピーを作り始めました」

本来の意味で〝デッド・コピー〟とは、製造にまつわる権利を持たず、無断で模造されたいわゆるパクリ品を指すが、この会話においては向上心を持った技術者としてのプライドから出た言葉だと推察できる。

「でも、やはりデッド・コピーではダメだという判断に至って、コアレス・モーターというコギングが発生しないモーターを新たに作り始めることになったんです」

コアレス・モーターとは、固定子の電磁石からコア（鉄芯）を排除したモーター。コアを排除することで、永久磁石との位置関係が回転によって変化することがなくなり、その結果コギング、すなわち回転ムラが発生することを抑制できるという特性を持っている。

ただし、コアレス・モーターはそのままでは磁束密度を高くすることが難しく、トルクも弱くなってしまう傾向があるという。この弱点を克服するために永久磁石を配置したローターを上下に配置し、コアレス・ステーターを挟み込む面対向式ツイン・ローターが採用されることになった。その結果、従来のMK6と比べても約2倍の高トルクと、軸受けに対する負荷の低減を実現している。

そして、2015年9月にベルリンで開催された〝IFA〟では、SL-1200シリーズの第一号モーターと、新たに開発された最新のコアレス・モーターが並べて展示されることになった。開発発表として世界に向けて発信されたのだ。

モーター部の新開発と並行して進められたのが、「二次元の図面が残っていたものの三次元化でした」と志波が続ける。

「二次元の図面は８割くらい残っていたのですが、それを三次元の図面にデータ化していく。本当に力業という感じでしたね。そこから、アッセンブリーと呼ばれる複数のパーツが組み合わされた図面を作っていきました。この辺りで、ＳＬ‐１２００という品番を使いつつ、製品の中身はハイファイ・ユーザーをターゲットにしようという方向性も決定されたんです。そうなると、モーターを新開発して旧来のＳＬ‐１２００シリーズよりも良いものにしたときに、ほかに何ができるか、ということになります。たとえば、トーンアームに使っている素材をアルミニウムからマグネシウムに変更できないか、とか。マグネシウムのほうが質量が軽く、音響特性的にも優れているはずなので、次はマグネシウムを取り扱える会社を探して富士山の麓にまで出かけたり。そんな感じで、良いものは新たに採用し、今の技術や、今でしかできない素材などを盛り込んでいったわけです」

この場合、当然コストがかさむことはすぐに想像できる。これらを反映しつつ試作機を作る場合の方法について尋ねてみると、「基本は、すべて削り出しです」と志波から即答が返ってきた。

「たとえば、ひとつの部品を削り出すと、それだけですぐに10万円といった金額になってしまいます。１台の試作機を作るのに軽く１千万円は超えていたはずです。仕様を決める際に、営業担当は思い切ったことを言ってくれたので、僕たちは暴走できたんですが(笑)。本当に助かりましたね」

「正直に言うと、〝松竹梅〟のようなものは試算していましたから」と三浦が言葉を継ぐ。

「技術者としてのお薦めの〝松〟はこの仕様です。だけど、その場合は、この値段になりますと。安くするにはこういった手段があります、という提示はしました。そのときに営業から言われたのは、〝今、出すことができる一番良い製品にしてくれ〟ということ。それを絶対に売るからと。中途半端な製品を出されても、販売するのは難しいといったニュアンスのことは事前に言われていました。他社でも出せるようなデッド・コピーを作ったところで、〝テクニクスって何なの?〟ということになりますから。今できる最高の製品を作ってもらえれば、僕たちは受け入れてもらえる仕組みを考えますすと言ってくれたんです」

営業からのバックアップに加え、OBたちの尽力についても深く印象に残っているようだ。まずは志波の発言から紹介しよう。

「こうした開発をやっていて大変でありながら、面白いなと思えたのが、昔開発をしていた方や、隣のセクションで開発をしていたという方が遊びに来てくれるようになったこと。やはり愛着があったんでしょうね。製品の品質確保をするために、いろんな実験をするのですが、試験や評価をやっていると実験室に顔を出してくれたり。外に出かけてOBに話を聞きに行ったりしても、いろいろ叱咤激励されたり。叱咤が7割、激励が3割くらいでしたが（笑）。何となくフォローしてくれているんだなというのは、社内外の雰囲気的にもあったと思います」

ほかにも、三浦がアクアテックという重要な役割を果たした会社について説明してくれた。

「トーンアームの組み上げについても、社長をはじめとして弊社OBの方々が在籍しているアクアテックにいろいろ教わりました。新たに治具を作ってくれて、図面に起こしてくれたり、調整のノウハウを教えてくれたり。トーンアームのユニットについても、初期のモデルは製造してもらっていたんです。本当にビジネスという以上の力添えがあったと思います」

気になる小川の〝音決裁〟についてだが、開発当初の感想を尋ねてみたところ、「これを磨いていけば、必ず世界トップに行けると思いましたね」という心強い言葉が返ってきた。

「普段はどんな機器でも私は30点くらいから始めるんです。ただ、レコード・プレーヤーに関しては、最初から〝こなれた〟感じがありました。というのは、ベテランの技術者や、それこそ猛者みたいな人たちを集めて、精鋭チームでやりましたから。それと、やはりOBの方々のご助言も大きかったと思います。しかし、それ以上に悩んだのは、デザインに関してです。2010年までずっとやってきたSL-1200シリーズのあのデザインでいくのか、それとはまったく違うもので出すのか……。でも、最後まで残ったSL-1200シリーズの〝顔〟というのは、全世界の方々に覚えていただいているし、やはり強烈な個性もあります。それこそ、コピーもされるくらいの。その強烈で唯一の〝顔〟のなかに、新開発のダイレクト・ドライブ・モーターや、現代の技術でこそ作れる世界最高の性能を取り入れようと決めたんです。みんなも異論なく、〝よし、それでやろう〟と言ってくれました」

このようにして完成した新たなSL-1200シリーズは、2016年1月にラスベガスで開催された世界最大規模の国際家電見本市〝CES〟で披露された。機種名は、SL-1200GAEと、SL-1200G。2製品のラインナップとなっているのは、限定モデルと、通常モデルということである。ここでは、両モデルのポイントをMK6からの変更点を中心に紹介していきたい。

【SL-1200GAE／SL-1200G】

◎新開発のコアレス・ダイレクト・ドライブ・モーターを搭載（共通）。

◎コアレス・ステーターを上下で挟む面対向式ツイン・ローターを採用（共通）。
◎ブルーレイディスク機器の開発で培った最新モーター制御技術を応用（共通）。
◎ハイブリッド・エンコーダーで回転速度を高精度に検出（共通）。
◎3層構造を採用した3．6kgの重量級プラッターを搭載（共通）。
◎1台ごとのプラッターの精密なバランス調整（共通）。
◎±8％／16％のピッチ変更が可能（共通）。
◎78回転にも対応し、SP盤を再生可能（共通）。
◎高精度でレコード溝をトレースするマグネシウム製トーンアーム（共通）。
◎トーンアームの高い初動感度を実現する高精度ベアリングを採用（共通）。
◎真鍮削り出し材に金メッキを施したフォノ出力端子（共通）。
◎10㎜厚のアルミ・トップ・パネルを含む4層構造のシャーシ（共通）。
◎専用インシュレーターを新開発（共通）。
◎宇都宮にある自社工場で最終的な組み立てと調整を実施（共通）。
◎トップ・パネルのプレートにシリアル・ナンバーを刻印（GAE）。
◎トーンアームの塗装仕上げが、シャイニー・シルバー（GAE）とマット・シルバー（G）。
◎インシュレーターのハウジング色が、ダーク・シルバー（GAE）と、メタリック・

ブラック（G）。
◎インシュレーターの内部素材が、αGEL（GAE）と、特殊シリコン・ラバー（G）。

このように、MK6までのSL-1200シリーズを踏襲したデザインでありながら、多くの部分でまったく別のモデルとなっていることがわかるだろう。SL-1200Gのパンフレットに記載された「自らがすべて一新して開発」「それは復刻ではなく、革新。現代のダイレクト・ドライブ方式ターンテーブルのリファレンスを再定義します」というキャッチ・コピーもうなずける。

気になる価格は、SL-1200GAE、SL-1200Gともに33万円。この価格について、DJ機器として進化してきた従来のSL-1200シリーズと比べると高いと感じる向きも多いとは思うが、ハイファイ・オーディオのターンテーブルとしては充分に魅力的な価格だと断言できる。

発売までにテクニクス内でも多様な意見があった

限定モデルとして発売されたSL-1200GAE。

らしく、小川も「どうやったら鮮烈なデビューが成功するか」を考えたと語っている。

「テクニクス・ブランドの復活にあたって、最初の流通経路はハイエンドのオーディオ機器を扱っているディーラーを想定した戦略だったので、開発段階からそういった価格帯を考えていました。30万円近辺では競合するような製品がなかったことも大きくて、その価格帯であればいけるだろうと。価格帯や売り方などは、マーケティング・サイドともよく話し合いながら決めていったのですが、最初に売り出す際は、限定で世界何千台としたほうがインパクトも大きいだろうという判断になりました」

話題作りという面については、テクニクス推進係の伊部哲史（２００６年入社）が取り組みを語ってくれた。

「ＳＬ-１２００という品番の製品を新たに作るというのは、正直、マーケティング的にもデータがないところからのスタートでした。商品を再定義しながら、新しいダイレクト・ドライブのターンテーブルをどう打ち出すか。販売店なども従来とは変わりますし、届けるお客様をしっかり見定めて、メディアや販売店なども巻き込みながら話題作りをしていきましたね。特に限定モデルのＧＡＥについては、上司から〝一瞬で売り切れ！〟という指示もあったので」

この発言にあるように、限定モデルであるＧＡＥに関しては、世界限定１２００台（国内３００台）に決定。２０１６年４月12日に予約受付がスタートしたのだが、テクニクスがターンテーブル市場に戻って来たという話題性の高さもあり、国内では受付開始から30分で即完売という、狙い通り以上の好スタートを切った。6月発売のＧＡＥの後発として、同年9月には通常モデルのＧがリリースされたのだが、ハイファイ系の市場だけでなく、音質にこだわりの強いＤＪたちからも注目を集め、都内の人気ミュージック・バーでもＤＪユースとして導入されている。

しかし、ＤＪシーンからは辛辣な意見も聞かれたと、上松が紹介してくれた。

「せっかく彼女が戻って来たと思ったら、別人やった、と言われたりしました。一番は価格面です。でも、この時点でＤＪ用ターンテーブルを出すのは無理。もう少し待っていてくださいという気分でしたね」

開発チームは、次なるターゲットを低価格化に定めることになる。志波によれば、「どうやれば、その価格にできるか」という発想からのスタートだったという。

「音質面では、できる限り上位機種となるＧＡＥやＧを踏襲しつつ、細部の仕様変更を考えていきました。たとえば、コアレスというダイレクト・ドライブ・モーターの根幹の部分は変えず、ツイン・ローターだったものをシングル・ローターに変更するといった感じです。もちろん、プラッターの重量なども、それに応じて変更しなければいけないですし、プラッターの裏面に剛性を高めるために強化リブを追加するといったこともやっています」

このほかにも、トーンアームのパイプに使われる素材はマグネシウムからアルミニウムに変更されている。加えて、プラッターの形状についても、高度なシミュレーションを行なうことでMK6と比べても高い安定性と低振動化を実現。このような変更を経て2017年5月に発売されたのが、SL-1200GRだ。

【SL-1200GR】(14万8千円)

◎シングル・ローター・コアレス・ダイレクト・ドライブ・モーターを新開発。
◎磁気回路の効率を向上させるとともに、磁束漏れを防ぐローターヨークを設置。
◎プラッター裏面に強化リブを追加し、MK6と比べて剛性と振動減衰特性を向上。
◎BMC(バルク・モールディング・コンパウンド)シャーシとアルミダイキャスト・シャーシを強固に一体化した2層構造を採用。
◎マット塗装のトップ・パネル。
◎特殊シリコン・ラバーを採用したインシュレーターを専用にチューニング。

GRに続いては、ターンテーブルの開発技術を磨き上げるためにSL-1000Rが2018年5月にリリースされた。SL-1200シリーズの系譜とは外れるが、ダイレクト・ドライブ第一号機となるＳＰ‐10シリーズを現代版として生まれ変わらせたモデルである。

このＳＬ‐１０００Ｒは回転部とトーンアームを含むキャビネット、さらにコントロール・ユニットが別筐体となった重厚な仕様が特徴。真鍮＋タングステンという重量級プラッターに対応するため、コアレス・ダイレクト・ドライブ・モーターもさらに進化。トーンアームも含めて現在のテクニクスの技術者たちが持てる技術を惜しみなく投入しており、価格は１６０万円。完全受注生産で、新生テクニクスの〝リファレンス・クラス〟Ｒ‐１シリーズにラインナップされている。

〝伝説〟をライバルとしたMK7の開発

テクニクス・ブランドの復活からGAEおよびG、GR、SL-1000Rと続いたダイレクト・ドライブ・ターンテーブルの再定義。ハイファイ・オーディオ市場から高い評価を受けつつ、テクニクス社内においてもたしかな手応えをつかんで取りかかったのが、次なるモデルである。それこそが、SL-1200シリーズ伝統のDJに向けた〝楽器〟にもなり得るターンテーブルだ。

MK6のキャッチ・コピーであった〝伝説続く〟。その〝伝説〟を仮想ライバルとして開発がスタートされた。当時の心境を小川に尋ねてみたところ、「いつ、DJに向けたターンテーブルを出すのか。それは、ずっと辛抱していました」というトップならではの逡巡を語ってくれた。

「今じゃない。今じゃない。じゃあ、いつなんだ、という問いかけはずっとありましたね。もちろん最初はハイエンドで立ち上げたテクニクス・ブランドの復活だったので、最初のターンテーブルがDJ向けというのは、戦略性という意味でも私のなかであり得ませんでした。まずは、GAEとGから入り、ハイエンドの市場にしっかりと認知してもらって、次のGRでは、この価格でこの性能という製品を出せたわけです。続くSL‐1000Rを含め、社内でもアナログの知見が蓄積されて、ある意味で余裕を持ってフラッグシップのモデルも開発ができました。その辺りはすごく繊細な部分でしたね。戦略に大胆なことは必要なのですが、タイミングを間違えると取り返しがつきません。あとはアナログ・レコードの市場動向ですね。海外でも新たにプレス工場ができたり、生産枚数の伸び方であったり、レコード売り場に足を運ぶ年齢層やリリースされるタイトルなどを国内外で定点観測してきて、〝よし、ここだ〟ということで、DJに向けたターンテーブル〝MK7〟の開発を決めました」

2018年2月にMK7の開発をスタートするにあたっては、価格を大きく意識したと小川が解説する。

「GRを発表して、このコストでこの性能でいけたというのを見届けられたので、10万円を切る価格を目標に、できる限りのことをやろうと。MK6までで、よくぞあそこまでやったなというくらいの製品でしたから。でも、やはり価格を含めて、過去には負けたくないなという思いはありました」

マーケティングという視点でも細心の注意を払った部分だったと、伊部が語る。

「MK6までの印象を持っている方もいますし、少なからずの方が2台同時に買うモデルでもあるので、中途半端な価格ではいけないという話は企画段階からありました。製品の仕様としてはハイファイ・オーディオの方にも認めていただけるレベルになる自信はあったので、ＤＪの方たちに使っていただくために価格設定は外さないように意識しました」


ＭＫ７の開発にあたって、新たに開発チームを再編成するようなことはなかったのかを小川に尋ねてみると、「ずっと一定のメンバーです」との返答。

「そのなかには、ＭＫ６も最後までやっていたメンバーも入っていましたし、デザイナーもずっとＳＬ-１２００シリーズが好きで、自身でもＤＪをやっていた人間ですから。言うなれば、最強のメンバーですね」

〝ＭＫ６も最後までやっていたメンバー〟の１人である三浦にＭＫ７開発スタート時の話を聞いてみた。

「まずは、ＤＪの方に〝ＭＫ７を作るとしたら、どういうものを求めますか？〟というヒアリングから入りましたね。それが２０１８年２月です。そのタイミングで、モックアップや試作機などを作り始めましたね」

ヒアリングの段階で、プロダクト・デザインのひな形となる原寸大模型であるモックアップまで制作が開始されるのは、超えなければいけない仮想ライバルが明確にＭＫ６にあるからこそだろう。「金型などもない状態からなので、ＧＲをベースにあちこち加工して作り始めました」と志波が言葉をつなぐ。

「理系の大学などでは必ず学ぶ〝慣性モーメント〟というものがあります。言うなれば、プラッターが回転したときの質量と反応ですね。まずは、そこをMK6に合わせていこうと。GRはハイファイ・オーディオに振った設計なので、プラッターの質量がもともと重すぎるわけです。それを削って、質量を合わせて調整していったり。あとは足回りとか。特にバトル系のDJはプラッターをあれだけ動かすわけなので、インシュレーターの特性などもハイファイ用途とでは変わってきます。そこをどうするか。当然、スクラッチをしたときの針飛びのしづらさや、追従性などについても、最初から注意していました」

次に、営業やマーケティング担当からのリクエストについて聞いてみたのだが、「まずは従来のSL-1200シリーズと同じであること」という言葉が三浦から返ってきた。

「機材を入れ替えてもスッと使えるというのが、

試作機を用いたDJへのヒアリング。

第一でした。それ以外は言われていないと言っても良いくらいです。やはり操作感が変わらないこと。ピッチの可変幅などは、操作感が一致してから次の段階の話です。実を言うと、2018年5月、6月くらいには試作機を作ってDJに試してもらいました。国内で2~3名、海外を含めて計10名くらいですね。これくらいまでに数を絞らないと、SNSなどもあるので、情報が漏れてしまう恐れがありますから。5月/6月で大まかな仕様を固めて、7月/8月には海外のDJたちにブラッシュアップのためのヒアリングをしています。フランス、ドイツ、イギリス、カナダ、アメリカに行ったのかな。試作機を2台と、MK2の計3台を持ってまわりました」

そのときの反応については、「非常に良かった」と言葉を続ける。

「否定的なことを言う人は少なかったですね。最初はデザインについて、営業サイドが心配していたのですが、そこも好意的な意見ばかりでした」

モックアップを作る段階でデザイン上の最大の特徴である、本体カラーをブラックにするという方向性が決まっていたという。「SL-1200シリーズではデザインで主張できるところは色くらいなので」と伊部が説明してくれた。

「デザイン的に〝新規〟であることを強く出したいというデザイナーからの意見ですね。ただ、本体だけでなく、トーンアームまでオール・ブラックにしたときに、視認性が悪くなるんじゃないかという意見もありました。EPアダプターまでブラックにしようということになったので」

「実際にクラブでも本当に真っ暗なところでプレイされることはありませんから」と三浦が続ける。

「営業サイドが危惧していたほどのネガティブな感じはありませんでした。それよりもカッコいいよねという意見のほうが強かったですね。9月以降は、もう少し精度の上がった試作機を持って、今度は国内をまわりました」

このときに音質を含めた意見を聞いていったという。

「9月以降は実際にクラブに持ち込んで、DJの方々に来ていただいて実際に触ってもらいつつ、意見を聞きました。もちろんクラブの開店前のお客さんがいない状態です。そこで実際に従来のMK2やMK5と比較して、音が良くなったという意見をいただけました。最近のクラブは再生装置そのものの性能が上がっていて、昔のようにボリュームを上げていくとサーッというようなノイズが出るといったことは、ほぼありません。ダイナミクスもものすごく向上しているし、周波数帯域のレンジも広くなっているので、DJユースの製品においてもハイファイ的な音質を求められるようになっていると感じましたね」

MK7の開発段階においても、コアレスのダイレクト・ドライブ・モーターという基軸は変えず、GRで採用されたシングル・ローター型を採用することは最初期に決定したという。再生音に最も影響を与えるトーンアームについても、SL-1200シリーズで連綿と続く、テクニクス伝統のスタティック・バランス型のユニバーサルS字型が継承されている。このスタティックとは静的という意味で、針圧を変更した際などにも軸が動かないことを指し、ユニバーサルとはカートリッジを取り付けるシェルが取り外し可能で、他社のモデルも活用できることを意味している。

ここまでに触れてこなかったが、外観上は似通って見えるトーンアーム部について、MK6までとGAEやG以降では大きく異なっている部分がある。それが、トーンアームの軸受け部分で使用されているベアリングと呼ばれるパーツ。

トーンアームは、パート1で紹介したようにジンバル・サスペンションという方式によって水平方向と垂直方向に動くように作られているが、それぞれの軸の可動域については、できるだけ少ない摩擦でなめらかに動きつつ、常に一定の位置で支えられている必要がある。その役割を担っているベアリングが、テクニクス・ブランド復活後のレコード・プレーヤーであるGAEやG以降で変更されているのだ。志波に詳しく説明してもらった。

「MK6までは、板金をプレスしたパーツにボールが入っているベアリングを使っていたのですが、板金プレスだった部分が、ステンレスを削り出した切削加工に変わっています。外からは見えないところですが、すごく重要で、その精度が高まったことでトーンアームの感度が格段に向上しています」

トーンアームの性能を語る際に、〃針圧がかかっていないゼロ・バランス状態で軽く息を吹きかけただけで動くくらい繊細〃という表現があるのだが、それを実現するのに欠かせないのが、高精度ベアリングなのである。

ベアリングは、〃機械産業のコメ〃とも呼ばれる重要なパーツであり、現在においてはミクロン単位の精度で製造されている。MK2が生産されていた当時と比べて工作機械の性能も飛躍的に進化している現代だからこそ、製造し得るパーツである。GAEやGから、GR、SL-1000R、そしてMK7まで、全モデルで同じ高精度ベアリングのパーツが採用されているのは、目に見えないところでありながら、コストパフォーマンスについて語る上でも最重要ポイントと言っても過言ではない。

この高精度ベアリングは、世界一のシェアを誇るメーカーによる日本製なのだが、トーンアーム

SL-1200GAEから採用された高精度ベアリング。

のＳ字型パイプについても日本製だと、志波が解説してくれた。

「金属のパイプを曲げて内側にあたる部分にシワが寄らないという技術は、いまだに日本にしかないんです。たとえば、海外メーカーの数十万円するトーンアームも販売されていますが、Ｓ字のアーム・パイプについては、すべて日本製です。ＮＣベンダーという専用の工作機械を使うのですが、真っすぐなパイプが機械に入ってキュキュと曲がるところは見ていても面白いですよ（笑）。ほんのわずかなシワでも不良品として判断する厳しい品質管理が受け継がれてきたから残っている技術なのでしょう」

続いては、ＳＬ-１２００シリーズの最大の特徴である〝楽器〟としても扱える操作感の部分について聞いてみたところ、「プラッターの重量はＭＫ６と比べて２００ｇくらい増えているのですが、慣性モーメントは一緒です」と志波が語ってくれた。

「プラッターの質量の中心がどこにあって、それが回ったときにどの部分にどれくらいの力がかかるかは、三次元のＣＡＤですぐにわかります。その慣性モーメントは絶対の部分なので、ＭＫ６と小数点以下の数値まで合わせています。あとは、プラッターにリブを付けるなどして音質面を調整しましたね。あとの操作感という部分は、ソフトの制御次第ということになります」

三浦がソフトの制御について詳細を説明してくれた。

「従来のSL－1200シリーズについては、モーター制御のドライブICと呼ばれる専用パーツが作られており、そのICを搭載してMK2からMK6までずっと生産を続けてきたんです。もちろん、そのICの仕様書はあるわけですが、こう操作したら、こうなるといった〝操作感〟が書かれているわけではありません。モーターが変更になり、しかもプラッターも変わっているのに、同じ操作感を実現しないといけない……。その部分はソフトウェアでどう組み上げていくかをDJの方たちに触ってもらいながら、模索していくわけです。実は、そこがMK7の開発で一番難しかった部分になるのかもしれません」

このように開発が進み、市販されるモデルと同じ仕様の試作機が完成したのは2018年末だったという。

ラスベガスでの華々しいデビュー

このような経緯を経て、ついに完全復活を遂げたSL–1200シリーズ。全世界のレコードをプレイするDJたちにとって、まさに〝待望の〟という言葉がふさわしいMK7の発表の場として選ばれたのが、世界最大規模の国際家電見本市〝CES2019〟が開催されるラスベガスである。

期日は会期前日でプレス・カンファレンスが行なわれた2019年1月7日、20時（現地時間）からのスタート。会場は、ラスベガスを象徴する巨大噴水で有名な5つ星ホテルのベラージオ内にあるクラブ・ハイド。

そして、イベント・タイトルは〝テクニクス7th〟。なお、事前に〝MK7〟の品番は発表されていない。

注目の出演DJは、プレイ順に、DJ KOCO a.k.a. SHIMOKITA、カット・ケミスト、ケニー・ドープ、デリック・メイとなっており、幅広いジャンルに対応した豪華な布陣だ。なお、インターネットを介したリアルタイム配信を担当したのは、海外向けがボイラー・ルーム、日本国内向けがDOMMUNEになっており、来場希望者はボイラー・ルーム経由で応募するというクローズドのパーティである。

このイベントを実現するために尽力したのが、本書の企画者である石井〝ＥＣ〟志津男。石井がイベント当日の熱気について次のように語ってくれた。

「ボイラー・ルームも初めてイベントに絡むラスベガスという立地もあって、集客に対しては心配していた部分もあったのですが、イベント・タイトルとＤＪのラインナップから予測してもらえたのか、イベント当日で応募が８００名集まりました。会場の最大収容人数が６００名だったので、入りきれない方も出てしまったのですが、ホテルの外側まで長蛇の列が続いていたのは印象的でしたね。始まってからも出演ＤＪたちのプレイがみんな素晴らしく、噴水を背景にＤＪプレイするというロケーションの良さもあったし、このイベントを知って自分から駆けつけてくれたＤＪジャジー・ジェイが途中でマイクを握るといった、うれしいハプニングもありました。インターネット配信を見てくれた人もＭＫ７の華々しい披露の雰囲気を感じられたのではないでしょうか」

続いて、出演者に名を連ねたＤＪ ＫＯＣＯにも当日の雰囲気について聞いた。

「イベント開始の随分前に会場入りしたんですが、その時点ですでにカット・ケミストがレコード・バッグを持って待っていたのに、まずアガりましたね（笑）。僕以外のＤＪは、イベント当日に初めてＭＫ７を触るということもあって、みんなすごく興味を持っていました。ケニー（・ドープ）のリハーサルも長めでしたが、カット・ケミストは1時間以上ずっとMK7を触っていて、なかなか替わってもらえなかったくらい。当日はテクニクスから新機能も使ってほしいというリクエストをもらっていたので、事前に仕込んでおいた逆回転のルーティンを使ったりして、45分の持ち時間があっという間でした。カット・ケミストも逆回転を使ってスクラッチをしたりしていましたね。これはリハーサルのときから感じていたんですけど、出演DJは全員が本気モードという感じで、イベントの雰囲気も楽しかったです。出演者以外にも有名なDJがたくさん来ていて、そのなかには知人もいたのでホーム感もあって。あと、来場者の列に、普通にロード・フィネスが並んでいたのにも驚きました（笑）」

このイベントの充実度については、テクニクスのトップとして立ち会った小川が次のように語ってくれた。

「いまだに、あのイベントの映像が自分のなかでリマインドすると、何と言えばいいのかな……夢のような感じというか、自分のなかのもう1人の自分が映像を見ているような、そんな感じがするんです。ロケーション、出演DJの方々のプレイ、会場の雰囲気、すべてが〝ハマった！〟という感じでしたね。DJカルチャーというのは、ものすごく独特なものがあるじゃないですか。一朝一夕でカルチャーはできませんからね。いろんな方に〝やっぱりテクニクス・ブランドというのは、こうやってみんなに愛されている。

Technics 7thの会場の様子（撮影：写真上＝石井“EC”志津男、写真下＝Willie T）。

これが文化なんだ〟と感じてもらえたんじゃないかと思います」

なお、会場にはDJ KOCOが名前を挙げたロード・フィネス以外にも、グランドミキサーDXT（D.STが改名）、DJスクラッチ、リッチ・メディーナ、DJマイティ・マイ（ハイ&マイティ）、マッド・スキルズといった有名DJ／アーティストが自らの意思でつめかけており、MK7発表の歓迎ムードに彩りを添えていた。さらに、途中からはMCとして飛び入りでDJブース横に立ったDJジャジー・ジェイが着ていたのがテクニクスのロゴ入りTシャツだったというサプライズもあるなど、インターネット中継を見逃した人には惜しいイベントとなった。

このイベントと前後してMK7のプレス・リリースが出され、発売日は2019年5月とアナウンスされるやいなやインターネットを中心として瞬く間に情報が拡散していったのも、待ちわびていた人が多かった証左だろう。

では、MK2からMK6へと進化／深化を遂げてきたSL-1200シリーズの最新モデルMK7はどのようなトピックを実装しているのか、MK6からの変更点を含めて紹介していこう。

【ＳＬ-１２００ＭＫ７】（９万円）

◎長年ＤＪに支持され続けるＳＬ-１２００シリーズの操作感を継承。

◎シングル・ローター型コアレス・ダイレクト・ドライブ・モーターを専用チューニング。

◎モーターのトルクとブレーキ・スピードの４段階調整をデジタル・モーター制御技術で実現（プラッター下部のスイッチで設定）。

◎スタティック・バランス型のアルミニウム製ユニバーサルＳ字形トーンアームを搭載。

◎専用開発した２層構造のプラッター。

◎アルミダイキャストとグラスファイバーを20％混入したＡＢＳによる２層構造のシャーシ。

◎歴代のＳＬ-１２００シリーズと同じスプリングとラバーによる構成のインシュレーター。

◎逆回転や78回転にも対応した多彩な再生機能。

◎メインテナンスやブースのレイアウト変更がしやすい着脱式の電源端子（３ピン）と、フォノ出力端子（ＲＣＡ）。

◎±８％／16％のピッチ調整に対応。

◎高輝度、長寿命の白色ＬＥＤを採用した新構造のスタイラス・イルミネーター。

トーンアームも含め、マット・ブラックで統一されたデザイン。

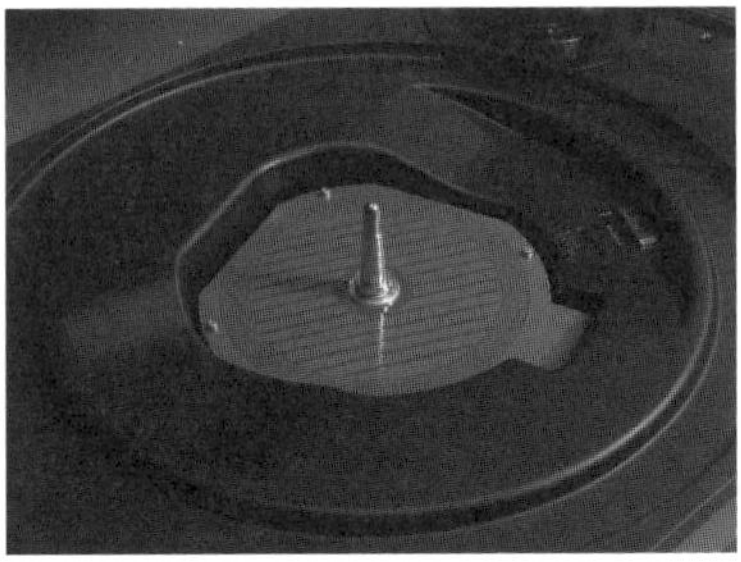

新開発のコアレス・ダイレクト・ドライブ・モーター。

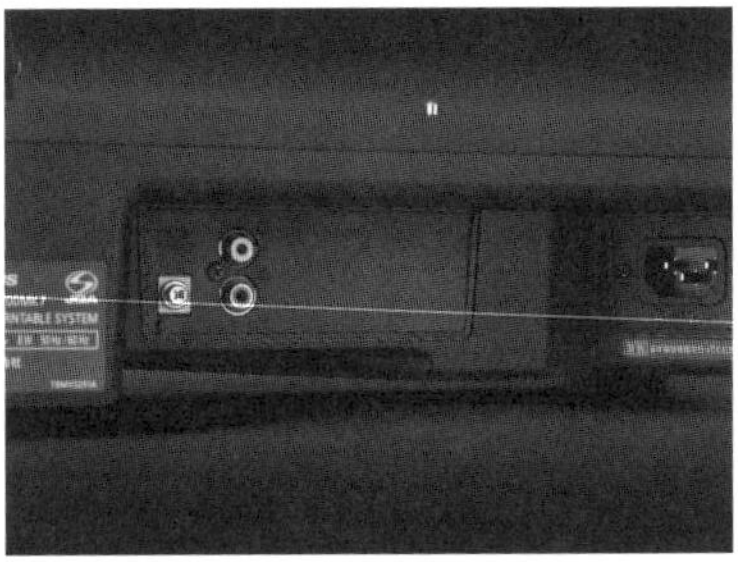

電源端子とフォノ出力端子のケーブルが着脱可能。

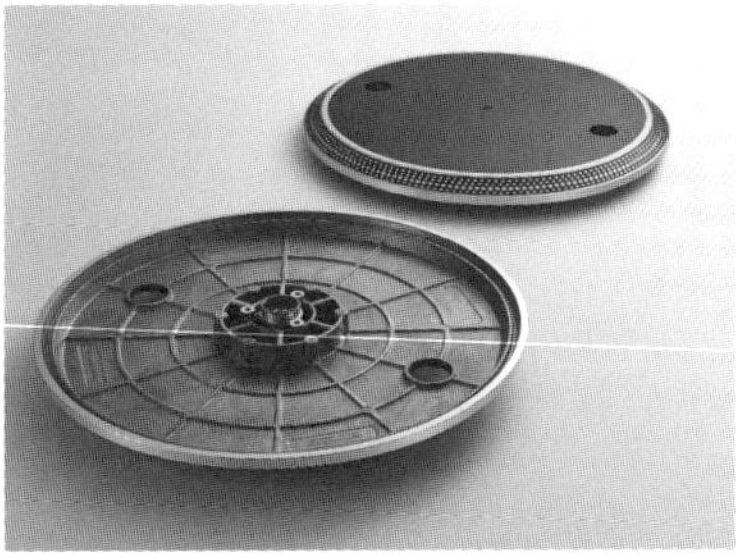

専用開発された2層構造のプラッター。

◎トーンアームやスイッチを含むオール・ブラックのデザイン。
◎赤色／青色を切換可能なLEDライト（プラッター下部のスイッチで設定）。

ＭＫ７の開発を終えて、あらためて気付いた従来のＳＬ-１２００のすごさについても尋ねてみたところ、「初代のＳＬ-１２００というよりも、ＭＫ２ですね」という言葉から三浦が話し始めた。

「今考えても画期的だなと思うのは、ピッチ・スライダー。ＭＫ２からＭＫ７まで縦にスライドさせて調整していくという外観上の仕様は40年経っても変わっていないわけですから。この部分については、他社のモデルも仕様は同じですし、今でも代わりは思い付かない。そこはすごいなと思うし、本当の〝発明〟ですよね」

本書の執筆にあたって取材させてもらった時点ではＭＫ７の発売から数ヵ月しか経過していないのだが、その時点での反響についても尋ねてみた。

「実際にクラブの現場で使ってもらってＰＡの方にもお話を聞くのですが、従来のＳＬ-１２００シリーズと比べての音の違いはすごくわかってもらえています。すでにいくつものクラブで導入されており、みなさん口を揃えて音質の良さはコメントしてくれていますね」

このような伊部の発言に続いて、三浦も率直な感想を語ってくれた。

「GAEやGを開発する段階で音質にはすごくこだわっていて、実際にいろんな試行錯誤をやったわけです。実際に発売してみて、いろんな方に聴いていただいて、かなりの高評価をいただけました。そこからある程度、自信やノウハウなどもついてきたので、従来のSL-1200シリーズに続くMK7でも音質という部分を注力すべきなのか、迷いはあったのですが、必ず気付いてもらえるだろうと。実際にクラブなどに持ち込んで聴いたときも、音の良さを体感できたときはうれしかったですね。サウンド・ステージも拡がっていますし、音の粒立ちも良くなっていて、耳に入ってきやすくなっている。長く聴いていても疲れない音になっています」

DJ KOCOもMK7の音をこのように評価する。

「自宅でMK7を使っているんですが、その環境でもすぐに音が良くなっていることはわかりましたね。それまで使っていたMK3Dと比べて確実にクリアになった感じがします」

実際にMK7の音質を体験するためにMK2とMK5、そしてMK7に同じカートリッジを装着して同じDJミキサーに接続し、聴き比べたのだが、たしかに音質は向上している。それを顕著に感じたのが、音の定位と左右への音の広がり。たとえば、ハイハットの打点がクリアに感じられ、ライブ盤などでは会場がちょっと大きくなった感じがするのだ。すでにクラブなどへの導入も進んでいるので、この違いはぜひ感じてみてもらいたい。

SL-1200という〝奇跡〟

ＭＫ７のリリースによってＳＬ-１２００シリーズの歴史は続いていくわけだが、その未来を予知することはできない。しかし、想像することはできる。パート２で登場してもらったＤＪ ＫＲＵＳＨが、こんな逸話を話してくれていた。

「ちょうど『迷走』をリリースしたころだから、１９９５年か。当時、小学生だった娘が真っ赤なランドセルに『迷走』のジャケットのシールを自分で貼って学校に行ったことがあるんです。その娘はヒップホップじゃなくて、トランス好きになったから、ＤＪにあまり興味がなかったけど、最近はその娘の子供が遊びに来たときに、ＭＫ３Ｄで遊ばせていますね。上の子が中学２年の男子なんで、スクラッチを教えたりして（笑）。世のなかがアナログ・ブームだって言われているけど、俺はずっとアナログで育ってきたから、ＭＫ７が出るって聞いたときはうれしかったね。ＳＬ-１２００にはもっと回ってもらわないと。まだ俺たちも回っているんだから。さっきの孫の話じゃないけど、これからＤＪを始めるってなったときにＭＫ７があれば、また違う光が射すと思うし、新しい機材があれば悪いことはひとつもない」

初代のSL-1200のリリースが1972年、DJユースとして初めて開発されたMK2のリリースから40年。なぜ、SL-1200シリーズだけが、これだけの長い間、過去と未来をつなぐプロダクトになり、カルチャーを作り出せたのだろうか。その答えの一端を感じたのが、今回の一連の取材で見聞きした〝中途半端なものは出せない〟というSL-1200シリーズの開発姿勢である。

たとえば、生産方法について。これまでにもSL-1200シリーズの牙城を崩そうと多くのメーカーがDJ向けのターンテーブルを発表してきたわけだが、現行で販売されているモデルの多くは、製品の一部や場合によってはすべてを外部のメーカーに委託生産する〝OEM〟と呼ばれる手法が採用されている。発注主であるブランド側の製品を別メーカーが生産するので、自社工場／生産ラインを持たなくても新製品を開発できるわけだが、その一方、搭載できる技術などを含めて、すでにある製品の〝模倣〟〝模造〟に近い場合が多く見受けられる。競合ブランド同士による切磋琢磨、すなわち〝進化〟という部分に着目すると、企画や設計まで外部に委託する〝ODM〟と合わせて弊害を感じてしまう。志波が取材の終盤で語った言葉に顕著だ。

「自社で細かな部品から設計し、図面を引いて、電気関係の回路図も書いて、ソフトもやってというDJ用ターンテーブルはMK7しかありません。そこは胸を張れるところです」

〝やるからには、世界初、世界一を目指せ〟というＳＬ‐１２００イズムを根付かせた功労者であるパート１で紹介した小幡が、パナソニック社内に残した資料は、次のような文章で締めくくられている。

４半世紀を超えて同一デザインで生き続けることのできた〝ＳＬ‐１２００〟は世界で稀な記録的なロングライフ工業商品になりえたと思います。最終到達系に成熟したピアノやバイオリンなどの楽器の芸術的な領域に近づきつつあることを喜んでいます。この奇跡の実現を育て、愛用している世界の多くのＤＪに感謝しています。

このようにＤＪたちへのリスペクトを忘れず、その後に続く人たちも継続的に誠実な姿勢でＳＬ‐１２００シリーズを育て続けてきたからこそ、〝奇跡〟が続き、ＤＪたちからも信頼を獲得してきているのだろう。そして、その信頼は未来にも向けられている。

先に紹介したＭＫ７の音質に関しての話題の流れで、〝もしＭＫ７の次のモデルがあるなら？〟という質問をＤＪ ＫＯＣＯに投げかけてみたのだが、「７インチ専用のＳＬ」と即答したのも印象深い。

「これは絶対に売れる。従来のSL-1200シリーズは頑丈なので、MK7は欲しいけど踏みとどまっている人も多いとは思うけど、7インチ専用は最初だから。それに合わせたサイズのDJミキサーもセットで発売されればベスト。これはレコードをプレイしている、みんなが思っていること」

この発言があった取材と前後して複数のDJたちと会ったのだが、MK7の話題に続いて何度も出てきたのが、次なるSL-1200シリーズとしての〝7インチ仕様のSL〟だった。好事家であれば、数年前に出回ったビズ・マーキーがSL-1200にそっくりの形をした7インチ仕様のターンテーブルでDJをしている動画や写真をインターネットで見たことがあるかもしれないが、〝あれは本物のテクニクスじゃないと意味がない〟というのだ。なかにはジャンルを横断した選曲で支持を集めるクボタタケシのように〝SL-700〟という型番まで勝手に決めているDJがいたのだが、そういった相思相愛ゆえに生まれる、いわゆる〝妄想〟もSL-1200シリーズへの最大の賛辞だろう。

自宅で愛聴しているレコードをターンテーブルに載せるときでもいい。レコード屋で知らないレコードを試聴するときや、クラブやカフェで自慢のレコードをプレイするとき、これからレコードを聴き始めようと思ってターンテーブルを調べているとき、タイミングはいつでも構わないので、一度考えてみてほしい。なぜSL-1200が伝説なのか。なぜSL-1200が奇跡を生んだのか。そして、あなたにとってSL-1200とは。

OUTRO
細川克明

自分にとってのＳＬ-１２００とは。そう考えてみたときに、真っ先に思い出したのは、プライベートで、さらには取材先で出会った数多くのＤＪたちのターンテーブルを前にした所作。海外勢のプレイに限定しても、まるで奇跡のような瞬間が、まぶたに焼き付いている。

フランキー・ナックルズからの交代時に見せた、デヴィッド・モラレスのスタート・ボタンを使ったノールックでのカットイン。

ＤＪプレミアによる、レコードの溝を削ぎ落とさんばかりの極太の出音が圧巻だったスクラッチを織り交ぜつつの２枚使い。

ジェフ・ミルズによる、脳とピッチ・コントローラーが連動しているかのような瞬時のテンポ合わせ。

ＥＱとゲイン調整だけで、そのレコードとターンテーブルの最適なマッチングを聴かせてくれるフランソワ・ケヴォーキアン。

ブレイクビーツのクラシックを手練手管のジャグリングで調理し、フロアを湧かせてみせたロック・レイダー。

イエローの螺旋階段からＤＪブースを観察すると言えばわかってもらえるだろうか……どのクラブに行っても、ＤＪブースが見えやすいところを真っ先に探してしまう自分のような人間にとって、ＳＬ-１２００シリーズの存在は、ともすれば当たり前になってしまっている。自宅にもある機材がプロの現場でも第一線で使われているというのは、実はすごいことなのに、それを感じさせないのがＳＬ‐１２００シリーズのすごさなのだろう。

個人的な話になるが、初めてのＳＬ‐１２００シリーズとなるＭＫ３×１台を中古で手に入れたのが21歳のとき。そのときはプリメイン・アンプの２系統あるフォノ入力（ＭＭ専用と、ＭＭ／ＭＣ切替）を使って、もう１台のベルト・ドライブのレコード・プレーヤーとのセットで疑似ＤＪプレイを楽しんでいた。

そして、ＭＫ３Ｄが出たことで、冬のボーナスで２台まとめて買ったのが25歳のとき。そのころからＬＰだけでなく、12インチ・シングルもコレクションの対象になっていった。あと、短尺の７インチにＬＰと同等以上のフェティシズムを感じるようになったのも、ＭＫ３Ｄを２台買ったことが遠縁となっている気がする。

この本に登場いただいたＤＪの方たちのように、ＳＬ‐１２００の前に立ち、ひたすらスクラッチや２枚使いを練習したといった経験は、残念ながらない。ましてやスキル的にも〝楽器〟などとは決して口にできないが、今もレコードを飽きることなく買い続けられているのには、陰ながらＳＬ‐１２００の存在があることを、あらためて感じた。

40代半ばを過ぎ、学生のころに一緒にレコード屋に通っていた友人たちは、その多くがレコード、さらには音楽と縁遠い生活を送るようになっている。彼らのリスニング生活を思い返してみると、ＳＬ‐１２００×２台を購入していないという共通点に思い当たったのだが、これは偶然なのだろうか。実際にリスニング用のレコード・プレーヤーが故障して買い直すのも面倒だから、といった言い訳を、これまでに何人から聞いたことか。

そんなことを考えていると、自分にとってＳＬ‐１２００とは、音楽の聴き方、レコードとの接し方を変えてくれたターンテーブルということになるのかもしれない。

余談になるが、本書の取材／執筆をしていた約3ヵ月間、自宅でレコードを聴くときはＭＫ３Ｄばかりだった。それで機嫌を損ねてしまったのか、久しぶりにカバーを開けた別のターンテーブル（本体40kgオーバーの重量級モデル）の電源が入らなくなってしまった。その修理代だけでＭＫ7が1台買えてしまうというのが、本稿を書いている時点での最大の悩みどころである。

PROFILE

石井“EC”志津男

OVERHEAT MUSIC代表。1980年にジャマイカを舞台にした映画『ロッカーズ』を国内配給し、83年にOVERHEAT RECORDSを設立。ゲイリー・パンター、SALON MUSIC、MUTE BEATのほか、オーガスタス・パブロや“グラディ”アンダーソンなどのレゲエ作品を中心にリリース。並行して、83年からストリート、音楽、アートを中心にしたフリー・マガジン『Riddim』を発行。90年代末からは日本人アーティストのプロデュースやコンサートも行なう。2006年、レゲエの源流を探るドキュメンタリー映画『Ruffn' Tuff（ラフン・タフ）』を監督。監修を担当した書籍に『ラフン・タフ ジャマイカン・ミュージックの創造者たち』『The ROCKSTEADY BOOK』（いずれも小社刊）がある。

細川克明

1972年／石川県生まれ。SL-1200シリーズを使い始めて四半世紀の編集者／ライター。雑誌『GROOVE』編集長として国内外で多くのDJたちを取材してきており、その数は延べ500名以上。これまでに『そのレコード、オレが買う!』（須永辰緒 著）『ドーナツ盤ジャケット美術館 by MURO』『アナログレコードのある生活』などの書籍やムックの企画／編集を手がけたほか、『真ッ黒二ナル果テ』（MURO 著）『For Diggers Only』で取材／執筆を担当（いずれも小社刊）。現在はアパレル・ブランドやたばこメーカーの音楽関連Webサイトの企画／監修や、オーディオ・システムのプランニングにも触手を伸ばしている。

［企画］　石井“EC”志津男（OVERHEAT MUSIC）
［執筆］　細川克明
［編集］　服部 健
［編集協力］　伊部哲史（パナソニック株式会社）、岩井啓洋（OVERHEAT MUSIC）

［デザイン］　赤松由香里（MdN Design）
［DTP］　石原崇子
［表紙撮影］　小原啓樹

［協力］　パナソニック株式会社、DJ KRUSH、DJ NORI、DUB MASTER X、須永辰緒、武井進一（Face Records）、DJ KENTARO、DJ KOCO a.k.a. SHIMOKITA、藤原ヒロシ、MURO、浅野典子（エス・ユー・エス コーポレーション）、岡本康太郎、坂田泰、原田公一、株式会社スイッチ・パブリッシング、越智政司（東京レコード）、菊地昇、星野俊、八島崇、太田泰輔

［参考文献／映像／ webサイト］

『ヒップホップ・ジェネレーション』（ジェフ・チャン 著／押野素子 訳／小社刊）
『ワイルド・スタイルで行こう』（カズ葛井 著／ JICC出版局）
『チャーリー・エーハンのワイルド・スタイル外伝』（チャーリー・エーハン 著／伯井真紀 訳／プレスポップ・ギャラリー）
『音の記憶 技術と心をつなげる』（小川理子 著／文藝春秋）
『リラックス』2002年9月号 特集“Technics SL-1200 30th ANNIVERSARY”（マガジンハウス）
『ミュージック・マガジン』1983年12月号 特集“ニューヨークがHIP HOPしてる！”（ミュージック・マガジン）
『別冊ステレオサウンド アナログ・レコード・リスナーズ・バイブル』（ステレオサウンド）
『別冊ステレオサウンド HIGH-ENDオーディオブランド240』（ステレオサウンド）
『GROOVE』各号（小社刊）
DVD『WILD STYLE THE DEFINITIVE HIP HOP MOVIE』（チャーリー・エーハン 監督／ JES PICTURES）
DVD『スクラッチ』（ダグ・プレイ 監督／ナウオンメディア）
CD『ジーニアス・オブ・タイム』（ラリー・レヴァン／ USMジャパン）
KUZUI CLUB（http://www.formatmedia-kc.com/）

Riddim Presents
Technics SL-1200の肖像
ターンテーブルが起こした革命

ISBN978-4-8456-3433-0
定価：本体1,800円＋税

2019年10月26日　第1版1刷発行

細川克明《ほそかわかつあき》 著

［発行所］　株式会社 リットーミュージック
〒101-0051　東京都千代田区神田神保町一丁目105番地
ホームページ：https://www.rittor-music.co.jp/

［発行人］　松本大輔
［編集人］　永島聡一郎

［印刷・製本］中央精版印刷株式会社

［落丁・乱丁などのお問い合わせ］
TEL：03-6837-5017／FAX：03-6837-5023
service@rittor-music.co.jp
受付時間／10:00-12:00、13:00-17:30（土日、祝祭日、年末年始の休業日を除く）

［書店様・販売会社様からのご注文受付］
リットーミュージック受注センター
TEL：048-424-2293／FAX：048-424-2299

［本書の内容に関するお問い合わせ先］
info@rittor-music.co.jp
本書の内容に関するご質問は、Eメールのみでお受けしております。お送りいただくメールの件名に「SL-1200の肖像」と記載してお送りください。ご質問の内容によりましては、しばらく時間をいただくことがございます。なお、電話やFAX、郵便でのご質問、本書記載内容の範囲を超えるご質問につきましてはお答えできませんので、あらかじめご了承ください。